建築主・デザイナーに役立つ

魅力あるコンクリート建物のデザイン

Challenge to Charming Concrete Design

プレストレスとプレキャストの利用

Practical Use of Precast-Prestressed Concrete

監 修
鈴木 計夫

関西PC研究会
PC構造・PCa工法推進特別委員会 編
委員長 西 邦弘

技報堂出版

まえがき

わが国におけるプレストレストコンクリート(PC)造建築物の建設は戦後に始まり，またプレキャストコンクリート(PCa)工法もその頃から用い始められ，ともに約40年以上が経過し，多くのPC造やPCa工法による建築物が建設されています．1995年の兵庫県南部地震では多くのコンクリート系構造物が被害を受けましたが，PC造あるいはPCa工法の建築物にはほとんど被害がなく，その耐震性が実証されました．

国際的には1950年に国際プレストレストコンクリート連盟FIP(Fédération Internationale de la Précontrainte)が創設され，国際会議が4年毎に開催され，PC構造に関する研究や実施例が発表されています．同会議では優れたPC構造物の表彰も行われています．1998年，オランダのアムステルダムにおけるFIP国際会議では，大阪市中央体育館に最優秀賞(グランプリ)が，八幡屋プール等に優秀賞が授与されました．1998年にFIPはヨーロッパコンクリート委員会CEB(Comité Euro-International du Béton)と合併し，国際コンクリート連盟fib(Fédération Internationale du Béton)が結成されました．新しいfibの次の大会は，2002年10月に大阪の国際会議場で開催されます．

わが国では建築基準法が変わり，構造設計は仕様規定型から性能規定型に移行しようとしています．PC造は，ひび割れを制御し，大スパンの高機能空間を可能とし，造形的にも美しい建築を創り出します．またプレキャスト化(工業化)によりコンクリートの品質は，場所打ちコンクリートに比べ，耐久性，防水性などが格段に向上し高耐久的になります．施工段階ではコンクリートの型枠材料が不要になるため敷地内は整理され，建設現場における産業廃棄物の発生量は少なくなり地球環境にも望ましいものとなります．今後，施工労働者の減少や高齢化に対応するためにも工業化が重要になってきます．

関西PC研究会はPC構造の建築分野での適切な応用と発展を図るため，その技術に関して広く知識の交流を行い，また啓蒙，発展のための資料作成などを行う目的で鈴木計夫氏を代表に1974年に設立されました．このたび上記の事情を

背景に当研究会にPC構造・PCa工法推進特別委員会を設置し，PC構造・PCa工法のより一層の普及を目指して本書を発刊することになりました．本書は，建築主や建築家の方々に広く理解していただくことを最優先とし，海外の視察建築物やわが国の美しい建築物をより多く集め，できる限りわかりやすい本にしました．

　発刊にあたり鈴木計夫 先生をはじめ会員の方々に協力をいただきました．厚くお礼を申し上げます．

　2000年7月

関西PC研究会
PC構造・PCa工法推進特別委員会
委員長　西　　邦弘

監修のことば

　これからの世の中は，性能も良く，見た目も美しいものをできるだけ長く使うという方向に確実に変わってゆくはずです．考えてみれば20世紀は，まさに大量生産，大量消費，使い捨て美徳の時代でしたが，これからは地球と調和する生活，地球環境を考えなければ，とわれわれは今自覚し始めております．

　わが国の建築物も，兵庫県南部地震が一つの契機となって遅まきながら普通の物品同様，「性能設計」の時代に入ってきました．レストランなら「メニュー」を見て，その時の食欲（必要性能）と内容（所有性能）と値段（コスト）と盛り付け（デザイン）などを考えて決めるのと同様，これからの建物もより長く使えることも含めて「性能評価」，「メニュー選択」による本格的な「性能設計」の時代となるはずです．

　このような観点からPC構造をみると，まさにこれからの時代に沿う最適の構造であることを再認識せざるを得ません．しかし，その優れた性能は，これまで必ずしも正しく評価されていたとはいえません．

　とはいえ，例えば耐震性については，あの兵庫県南部地震においてPC構造ゆえの被害はほとんどなく，その安全性が証明された結果となりました．また本書の中でも説明されているその他の高機能性，高耐久性，高便利性，そしてそのためのコストも鉄骨鉄筋コンクリート（SRC造）以下であることなど，次第に認識されてきていることも確かです．

　そのような数々の優れた性能は，設計はもちろん使用性の自由度を格段に大きくし，それらを生かした構造美，ひいては建築美を創り出すことができます．

　このようなプレストレスの知識，技術をもっていることは，次頁の概念図にも示したように，その人の仕事の活躍分野を大きく変えることになります．図のx，y軸にはコンクリートと鉄をとってありますが，これにプレストレスの利用としてz軸を考えると一挙に3次元の活躍舞台となることが分かります．最近は鉄骨（S）造にもプレストレスが利用されており，木造への利用も当然考えられます．

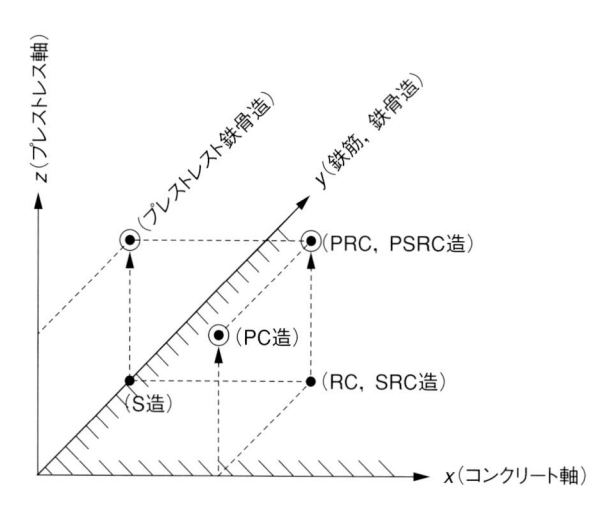

RC，SRC，S構造のみの利用：2次元的世界
プレストレスを利用した構造の場合：3次元的世界

　研究者とは異なって，広い思想で幅広く活躍しなければならないデザイナーや構造技術者にとっては，このような1，2次元を3次元あるいはそれ以上の世界にしてくれるプレストレスの技術は大変有効なものとなるはずです．

　本書は，このような素晴らしいプレストレスの構造を，一般構造技術者はもちろんのこと，特にデザイナーの皆さん，さらには一般の人達にも理解され，有効に活用していただけるよう，従来のこの種の本とは少し違った分かりやすい内容，表現などでまとめたものです．執筆者の方々は，いずれもこの構造の第一線で活躍されている優れた専門技術者ばかりであり，種々の受賞作品，特にPC構造での世界グランプリ作品にも関係された方々を中心にしており，約2年にわたる度々の打ち合わせ検討会を経てつくられたものです．

　21世紀を迎えるにあたって，PC構造が適材適所の考えのもと，ますます有効に活用され，社会に貢献できるよう祈念するしだいです．

2000年7月

関西PC研究会代表
大阪大学名誉教授，福井工業大学教授，吉林建築工程学院名誉教授

鈴　木　　計　夫

PC構造・PCa工法推進特別委員会

顧　　問	鈴木 計夫	関西PC研究会代表，大阪大学名誉教授 福井工業大学教授，吉林建築工程学院名誉教授
顧　　問	大野 義照	大阪大学教授
委員長	西　邦弘	株式会社キンキ総合設計
副委員長	阿波野 昌幸	株式会社日建設計
副委員長	津田 和征	株式会社安井建築設計事務所
委　　員	浅川 弘一	オリエンタル建設株式会社
	荒金　勝	住友電気工業株式会社
	太田　寛	株式会社鴻池組
	大平 和理	黒沢建設株式会社
	川崎 良貴	フドウ建研株式会社
	寒川 勝彦	株式会社ピー・エス
	嶋崎 敦志	株式会社大林組
	永尾 和睦	ピーシー橋梁株式会社
	平松 昌子	大成建設株式会社
	若林 康弘	株式会社奥村組
特別委員	辻　英一	株式会社安井建築設計事務所
	土居 健二	フドウ建研株式会社
協　　力	中川 英俊	株式会社キンキ総合設計

幹　事	
1　章	寒川　勝彦（かんがわ　かつひこ）
2　章	浅川　弘一（あさかわ　こういち）
3　章	川崎　良貴（かわさき　よしたか）
4　章	大平　和理（おおひら　たかまさ）
5　章	永尾　和睦（ながお　かずちか）
6　章	鈴木　計夫（すずき　かずお）
7　章	平松　昌子（ひらまつ　まさこ）
コラム	荒金　勝（あらかね　まさる）

推薦のことば

　コンクリートのプレキャスト化とプレストレス化は，現場施行にともなう品質管理上の多くの問題をかかえた建築生産を合理化して耐久性の高いコンクリート建築を実現してゆく鍵の一つです．そのため，プレストレスを導入した大架構や大型スタンドや多層建築の構造躯体だけでなく，超高層建築のカーテンウォールをはじめとした外壁材やデザイン上および施工上からプレキャスト化が有効な各所主要部材に至るまで，極めて多様な使われ方をするようになりました．

　いづれも設計段階での充分な検討が必要ですが，設計にすばらしい可能性を与えてくれます．本書はこの可能性をわかりやすく建築主や建築家に示してくれています．新しい設計課題に向かうときの可能性の検証のためにも座右に備えておくことを薦めます．

2000年7月

(社)日本建築家協会

会長　村尾　成文

推薦のことば

　発刊おめでとうございます．この研究会にはバラエティに富んだ人が集い，ながく勉強会をつづけられ，その成果として，PC構造の高機能性・高耐久性・耐震性などのメリット，採用方法並びに実例等をわかりやすく世に紹介している本であります．私どもPC建設業協会にとって誠にありがたいことでございます．

　戦後，内務省資源局がPC技術を省資源構工法として導入されて半世紀となります．そして，新世紀を迎えようとする今，地球規模での環境問題，省エネルギー・循環，社会資本の長寿命化への対応からPC技術が見直されてきております．

　本書は，構造専門家や建築デザイナーだけでなく，建築主である行政に携わられる方々，経営者の皆様方に直接ご理解をいただき，安心して採用をいただくために役立つものと確信いたします．

2000年7月

(社)プレストレストコンクリート建設業協会
前会長　福本　善一

目　次

1章　こんな素晴らしい建物があります 1
1-1　日本の事例 1
1-2　日本の事例一覧 6
1-3　海外の事例 9

2章　このような構造・工法です！ 11
2-1　PC（プレストレストコンクリート）構造の特徴 12
　（1）　PC構造とは，構造種別の用語です！ 12
　（2）　PC構造のメリットは？ 14
2-2　PCa（プレキャスト）工法の特徴 16
　（1）　PCa工法とは，工法種別の用語です！ 16
　（2）　PCa工法のメリットは？ 17
コラム1 22

3章　こんな部品を組み立てます 23
3-1　建物を全体的にPCa（プレキャスト）化 23
　（1）　事務所・駐車場　　　　　　　　　　（5）　共同住宅
　（2）　倉　庫　　　　　　　　　　　　　　（6）　学　校
　（3）　競技場・球技場　　　　　　　　　　（7）　PCアーチ型展示場
　（4）　PCドーム型・体育館・プラネタリウム
3-2　建物を部分的にPCa（プレキャスト）化 27
　（1）　柱場所打ち，梁・床スラブのハーフPCa化　　（4）　バルコニー・廊下のPCa化
　（2）　床スラブのハーフPCa化　　　　　　　　　　（5）　外壁のPCa化
　（3）　屋根のPCa化　　　　　　　　　　　　　　　（6）　型枠兼用の柱梁ハーフPCa化
コラム2 30

4章　まず，ここから始めます 31
4-1　建築主と設計者の同意 31
4-2　企画設計段階からの計画 32
4-3　部材の搬入経路の確認 35
4-4　組立方法を知っておこう 36

5章　こんな事例があります 37
5-1　事例一覧 37

1　事務所 38	10　マーケット 60
2　研究所 41	11　展示場 61
3　福祉施設 43	12　倉　庫 66
4　共同住宅 44	13　卸売市場 71
5　学　校 47	14　工　場 74
6　体育館 50	15　駐車場 76
7　プール 52	16　処理場 79
8　競技場 55	17　神社仏閣 85
9　クラブハウス 58	18　空　港 87

6章　最後に運用の考え方 88
6-1　運用スパンはどうか 88
6-2　なぜ長持ちするか 88
6-3　コストはどうか 89
6-4　適材適所の使い方 90
6-5　PC建築のこんな例もあります 91

7章　参考図書・文献 92

1 章　こんな素晴らしい建物があります

1-1　日本の事例

① **大阪市中央体育館**（5章データシート No.6-1 参照）
公園地下に建設されたコンクリートの球形シェル構造の体育館

＊ FIP（国際プレストレストコンクリート連盟）最優秀賞受賞（1998）

全景

メインアリーナ内部

この体育館は公園の地下に建設された世界でも非常に珍しい建物です．この体育館の大空間を形成するためにコンクリート球形シェル構造が採用され，このシェル部分にプレキャスト梁，プレキャスト床版が使用されています．また，最外周のテンションリング部分には約2万トンのプレストレス力が導入され，この構造物を支えています．

② **八幡屋プール**（5章データシート No.7-1 参照）
開放的な内部空間を持つ屋内プール

＊ FIP（国際プレストレストコンクリート連盟）優秀賞受賞（1998）

この建物は、スポーツ施設としての躍動感を表現したウェーブ（弓弧）状の屋根が特徴的です。大屋根は、圧着方式のプレキャスト・プレストレストコンクリート構造とケーブルネット膜構造との複合構造物で、それらを支える下部構造には、プレキャスト・プレストレストコンクリート組立工法が採用されています。

③ **横浜国際総合競技場**（5章データシート No.8-1 参照）
日本最大の屋根付総合競技場

＊ 平成10年度神奈川建築コンクール一般建築部門優秀賞受賞
＊ 平成10年度横浜市優秀設計事務所賞受賞
＊ 1999年日本建築学会業績部門学会賞受賞
＊ 第40回建設業協会賞特別賞受賞

この建物の屋根は鉄骨構造、下部構造のうちスタンド部の柱・梁・床は高強度コンクリートを使用したプレキャスト部材とし、PC圧着工法による剛接骨組としています。円周方向の連続ラーメンは、一体化するためにプレストレスによる材長短縮を極小にできるプレスジョイント緊張システムを適用し、多連続不静定構造でのノンエキスパンション化を実現させています。

④ 南長野運動公園多目的競技場 （5章データシート No.8-2 参照）
さくらの花をイメージさせる曲線美の外観を持つ競技場

この競技場は，「さくらの下の集い」を設計コンセプトにした長野冬季オリンピックのオープニングとフィナーレの会場となった建物です．地上3階部分のスタンド全体は，幾何学的曲線を実現するため，1枚が7分割されたプレキャスト・プレストレストコンクリート版21枚で構成された「さくらの花弁」の外観となっています．

⑤ 那覇空港国内線旅客ターミナルビル （5章データシート No.18-1 参照）
開放的でフレキシビリティに富む大スパン架構のターミナルビル

＊ JSCA賞受賞（2000）　＊ プレストレストコンクリート技術協会作品賞受賞（2000）

この建物は，気中塩分濃度の高い沖縄県に建設されること，かつ片持ちスパン10 mと30 mの大スパン架構であることから，積層工法によるプレキャスト・プレストレストコンクリート造が採用されています．

⑥ 沖縄県北谷海水淡水化施設 （5章データシート No.16-3参照）
スパン方向柱間隔16.2m，階高20mの大空間を持つ施設

この建物は，基本的に屋根面にしか床がなく（階高20m）かつ，建物内部に配置される設備機器の寸法からスパン方向柱間隔16.2mが要求された大空間構造となっています．また施工上，塩害等を考慮してプレキャスト・プレストレストコンクリート造が採用されています．

⑦ 興亜火災神戸センター （5章データシート No.1-3参照）
建物内の機器が大地震でも損傷を受けないよう免震構造とPC圧着工法を採用した電算センター

この建物は，プレキャスト・プレストレストコンクリート造の上部構造と基礎の間に鉛プラグ入り積層ゴムおよび積層ゴムを設置した免震構造物になっています．

⑧ エムズゴルフクラブクラブハウス (5章データシートNo.9-2参照)
ゴルフの持つ開放感と爽快さをPCaフレームにイメージさせたクラブハウス

半円形の建物を基礎・地中梁を除く躯体をすべてプレキャスト化し，基礎とプレキャスト柱の接合には埋込柱脚方式が採用されています．

⑨ キャナルタウンウエストO地区 (5章データシートNo.4-1参照)
中央にライトウェルがある八角形の平面プランを持つ超高層集合住宅

この建物は，柱・梁・床・バルコニーなどの主要部材にプレキャスト部材を採用し，全コンクリート量の約70％をプレキャスト化しています．八角形のコーナー部分の梁をプレキャスト部材とすることにより精度の確保，工期短縮を可能にしています．

1-2　日本の事例一覧(No.は5章データシートNo.)

事務所	No.1-1	No.1-2	No.1-3
研究所	No.2-1	No.2-2	福祉施設　No.3-1
共同住宅	No.4-1	No.4-2	No.4-3
学　校	No.5-1	No.5-2	No.5-3
体育館	No.6-1	No.6-2	
プール	No.7-1	No.7-2	No.7-3

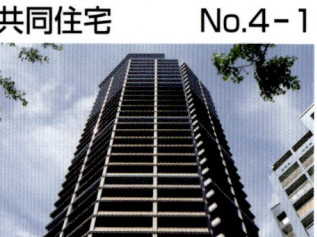

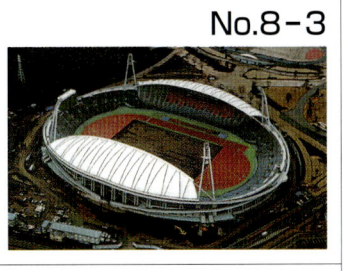

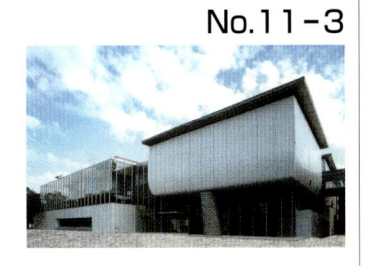

競技場　No.8-1	No.8-2	No.8-3
クラブハウス　No.9-1	No.9-2	マーケット　No.10-1
展示場　No.11-1	No.11-2	No.11-3
No.11-4	No.11-5	
倉　庫　No.12-1	No.12-2	No.12-3
No.12-4	No.12-5	

1-2　日本の事例一覧

| 卸売市場 | No.13-1 | No.13-2 | No.13-3 |

| 工　場 | No.14-1 | No.14-2 |

| 駐車場 | No.15-1 | No.15-2 | No.15-3 |

| 処理場 | No.16-1 | No.16-2 | No.16-3 |
|  | No.16-4 | No.16-5 | No.16-6 |

| 神社仏閣 | No.17-1 | No.17-2 | 空　港 | No.18-1 |

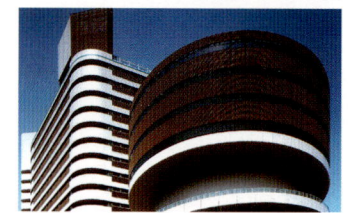

1章　こんな素晴らしい事例があります

1-3 海外の事例

海外では，鉄筋コンクリート(RC)造よりも，プレストレストコンクリート(PC)造の方が普通の構造となっています．海外の数多くある事例の中から，ここでは3例を示します．

① シドニーのオペラハウス

プレキャストのPCを最大限に用いて，優美な姿を創り出したこの建物はあまりにも有名です．

ⓐ ベルリンのICC（国際会議センター）

主要部の大きさは313 m×89 m，高さ38 m，5,000人と2,000人＋2,000人の大会議場，その他，大小会議室90室を持つ66 mの鉄骨トラス屋根とPC，RCによる構造体で造られています[56]．

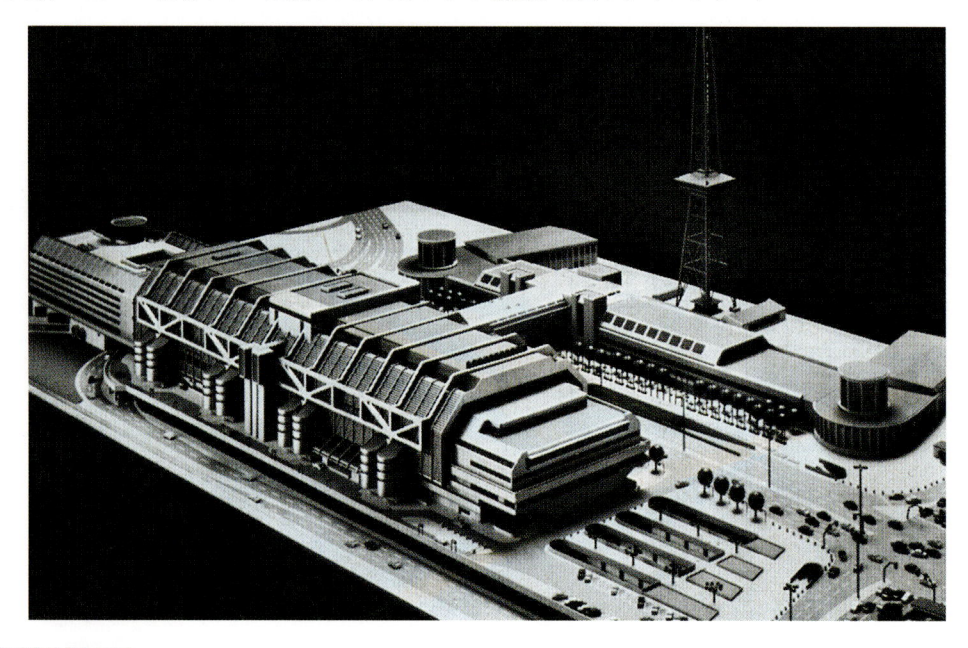

ⓐ パリ新凱旋門

旧凱旋門に対峙する位置にあるデファンス地区の象徴的な建物で，上部水平部の約120 m×120 mにPC構造が用いられています．

2章 このような構造・工法です！

コンクリート系の建物は，その**構造種別**と**工法種別**により，大きく**4つのタイプ**に分類されます．
それは同時に各々の**性格（特性）**の違いでもあります．
実際の建物では，複数のタイプが混用される場合が多いようです．
主要部分に採用されるタイプ・採用割合の多いタイプの性格がその建物の性格となります．

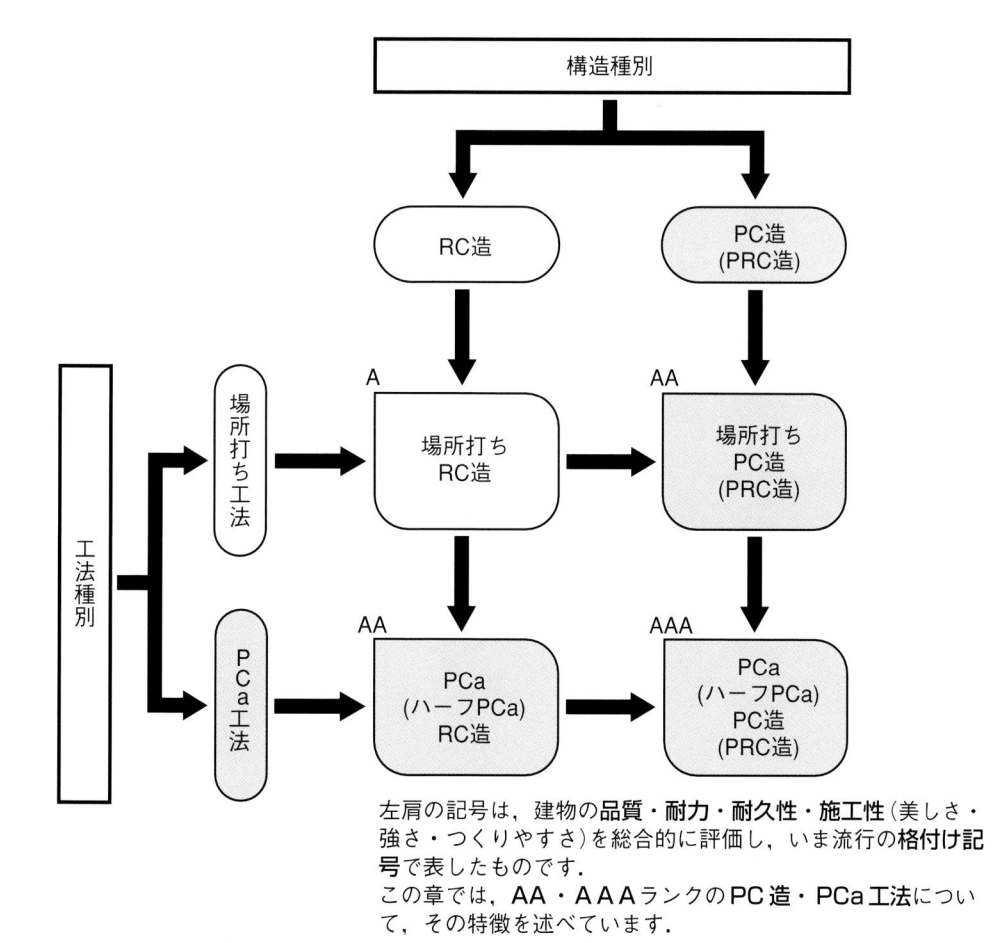

```
                        構造種別
                    ┌─────┴─────┐
                    ▼           ▼
                  RC造        PC造
                             (PRC造)
                    │           │
              A     ▼    AA     ▼
工法      場所    場所打ち  →  場所打ち
種別   → 打ち  →  RC造         PC造
         工法                  (PRC造)
                    │           │
              AA    ▼    AAA    ▼
         PCa      PCa    →     PCa
       → 工法  →  (ハーフPCa)    (ハーフPCa)
                  RC造         PC造
                              (PRC造)
```

左肩の記号は，建物の**品質・耐力・耐久性・施工性**（美しさ・強さ・つくりやすさ）を総合的に評価し，いま流行の**格付け記号**で表したものです．
この章では，**AA・AAA**ランクの**PC造・PCa工法**について，その特徴を述べています．

---

key point

PCとは，プレストレストコンクリート(Prestressed Concrete)の略称です．
PCaとは，プレキャストコンクリート(Precast Concrete)の略称です．
PRCとは，PCとRCの中間の構造，プレストレスト鉄筋コンクリート(Prestressed Reinforced Concrete)の略称です．
「場所打ち」とは，コンクリートを現場で打ち込むことです．

2-1 PC（プレストレストコンクリート）構造の特徴

（1） PC構造とは，構造種別の用語です！

RC梁の断面

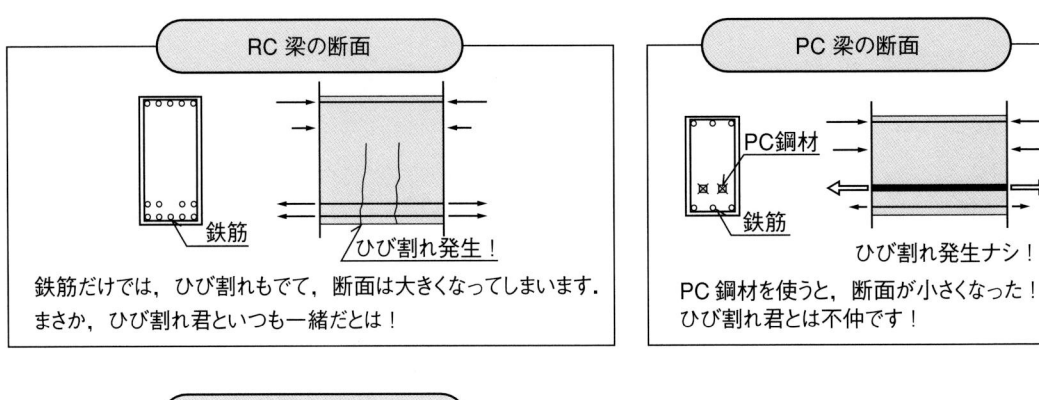

鉄筋

ひび割れ発生！

鉄筋だけでは，ひび割れもでて，断面は大きくなってしまいます．
まさか，ひび割れ君といつも一緒だとは！

PC梁の断面

PC鋼材
鉄筋

ひび割れ発生ナシ！

PC鋼材を使うと，断面が小さくなった！
ひび割れ君とは不仲です！

PC構造の原理

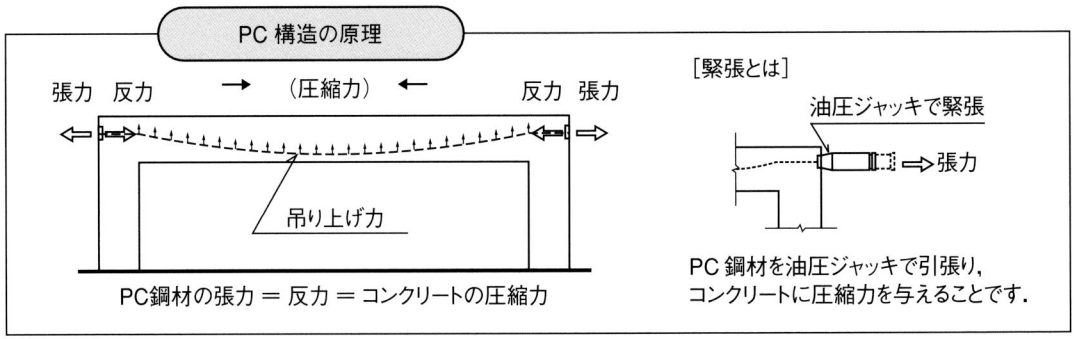

張力　反力　→（圧縮力）←　反力　張力

吊り上げ力

PC鋼材の張力 = 反力 = コンクリートの圧縮力

［緊張とは］

油圧ジャッキで緊張
⇒張力

PC鋼材を油圧ジャッキで引張り，
コンクリートに圧縮力を与えることです．

---

key point　コンクリートの梁にPC鋼材を配置して緊張すれば，PC梁になります．

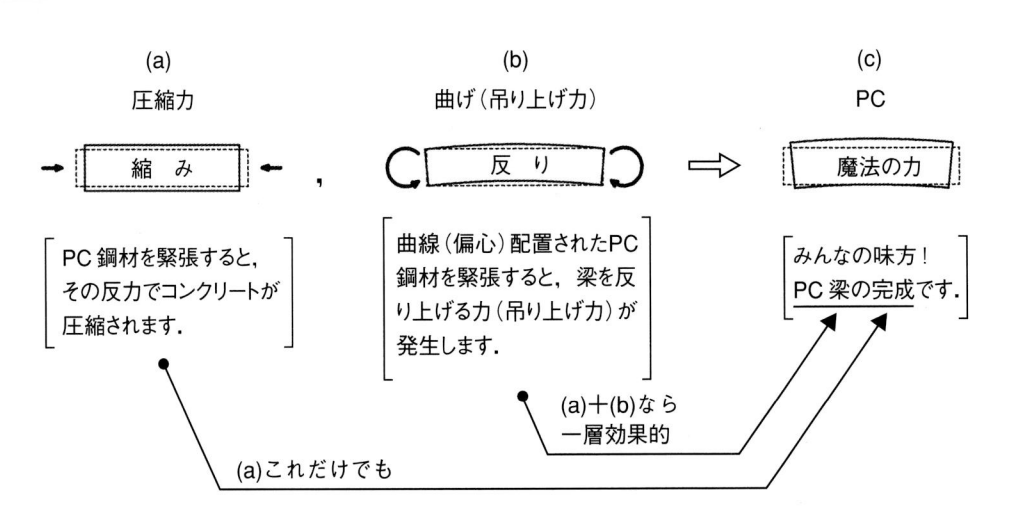

(a) 圧縮力 　　　　　(b) 曲げ（吊り上げ力）　　　　　(c) PC

→ 縮み ← 　　　　　 ↻ 反り ↺　　　　　 ⇒ 魔法の力

［PC鋼材を緊張すると，その反力でコンクリートが圧縮されます．］

［曲線（偏心）配置されたPC鋼材を緊張すると，梁を反り上げる力（吊り上げ力）が発生します．］

［みんなの味方！
PC梁の完成です．］

(a)＋(b)なら一層効果的

(a)これだけでも

① 圧縮には強く,引張りには弱いコンクリートの特性を鉄筋だけで補うのが**RC**です.もう一歩進んで予めコンクリートに**圧縮**を与え,弱点を積極的に補うのが**PC**です.

② **PC**には**高強度**の材料を使います.コンクリートの設計基準強度(Fc)は＝24〜70 N/mm^2(240〜700 kg/cm^2),PC鋼材の降伏応力度(σy)は＝785〜1 570 N/mm^2(80〜160 kg/mm^2)[普通鉄筋の3〜5倍]のものを使います.

③ PC鋼材を曲線(偏心)配置することにより**吊り上げ力**が生じます.この**魔法の力**が**大スパン**・**大荷重**・**ノンクラック**を可能にし,**大復元力**の元となります.

④ 簡単にいうと**コンクリートの梁＋PC鋼材＝PC**となります.これは場所打ち工法でも,プレキャスト製品でも同じです.施工工程は**RC**と同じか早くなります.

⑤ 名前のよく似た**PCa**の部材接合にも使われます.

⑥ 設備配管用の貫通孔などの施工は,**RC**と同様に**PC**でも可能となります.

---

key point プレストレスとは,事前(Pre)に応力(Stress)を与えるという意味であり,構造物だけでなく昔から身近な物にも利用されています.

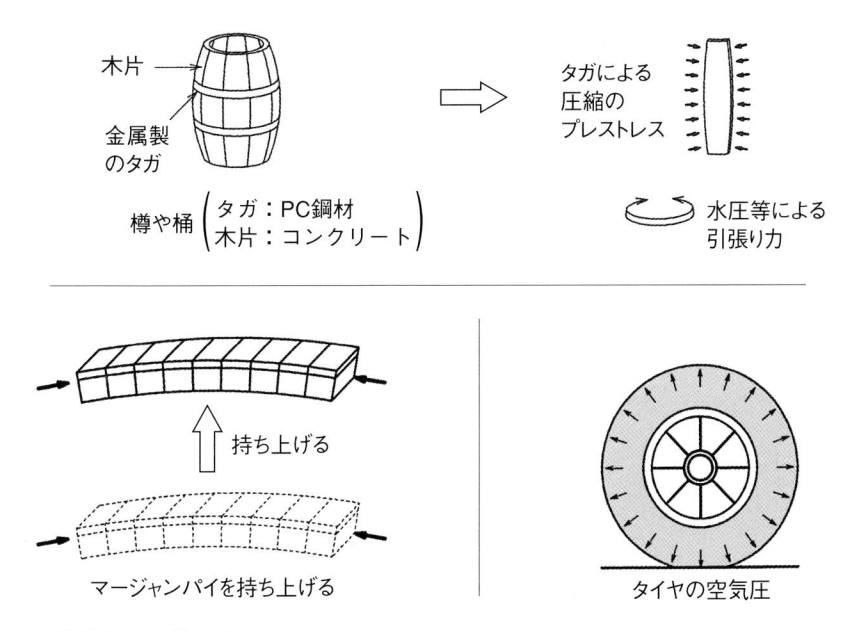

樽や桶 (タガ：PC鋼材 / 木片：コンクリート)

タガによる圧縮のプレストレス

水圧等による引張り力

持ち上げる

マージャンパイを持ち上げる

タイヤの空気圧

＊ 参考図書・文献28)より.

(2) PC構造のメリットは？

a. 機能性

PCはRCと比較して，**同じ断面で→大スパン・同じスパンで→小さい断面**の設計ができます．

- 大スパンで大空間の設計ができます．
- 有効階高が高くなります．
- 大荷重にも対応できます．
- 柱の本数が減り有効スペースが確保できます．

梁せいが小さくなると同じ梁下寸法でも階高をおさえ，建物高さを低くできます．
また，同じ階高ならば，梁下寸法が大きくできます．

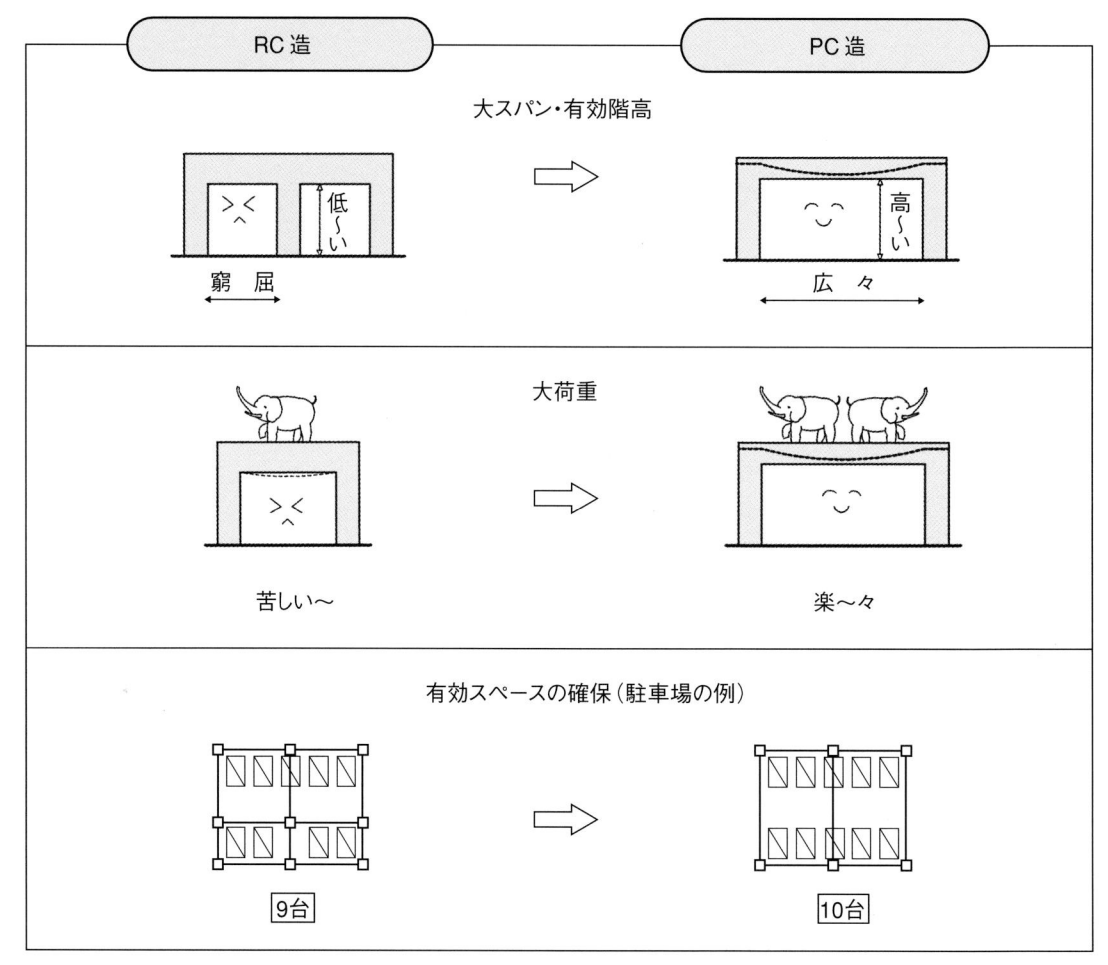

大スパン・有効階高

RC造：窮屈／低～い　⇒　PC造：広々／高～い

大荷重

RC造：苦しい～　⇒　PC造：楽～々

有効スペースの確保（駐車場の例）

RC造：9台　⇒　PC造：10台

* 参考図書・文献28)より．

key point　スパンLに対する必要梁せいDは，$\begin{bmatrix} \text{RC造} \Longrightarrow D = \dfrac{L}{8} \sim \dfrac{L}{12} \\ \text{PC造} \Longrightarrow D = \dfrac{L}{15} \sim \dfrac{L}{20} \end{bmatrix}$です．

b. 耐久性

コンクリートの耐久性という観点からいえば**ひび割れ**は，鉄筋の腐食・たわみの増大等の要因であり，その**ひび割れ**を制御するのが**PC**です．
ひび割れ幅制御からノンクラックまで，そのレベルは自由に設定できます．
また，地震・過積載等で一時的にひび割れが発生しても，その荷重がなくなれば**閉じて**しまいます．
これがPC特有の魔法の大復元力です．
この復元力があるから，たわみ・ひび割れの進行もないのです．

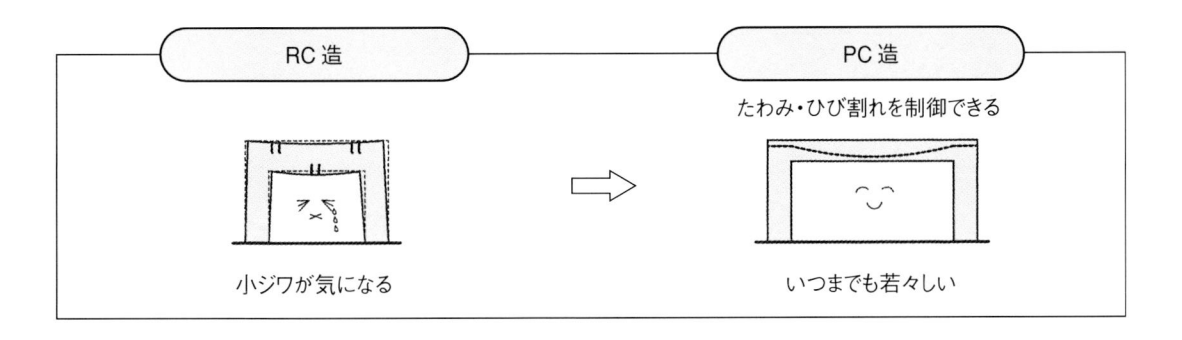

RC造	PC造
	たわみ・ひび割れを制御できる
小ジワが気になる	いつまでも若々しい

key point
① ひび割れによる建物の劣化がありません．
② ノンクラックが可能です．
③ 復元力で地震時のひび割れも閉じてしまいます．

c. 自由な平面計画

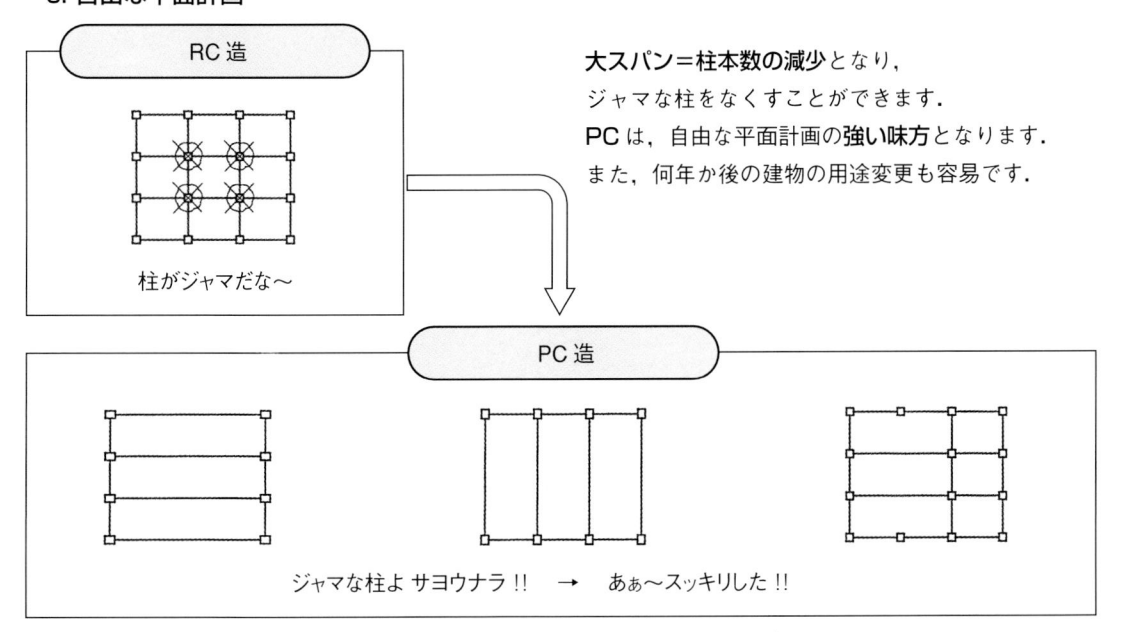

RC造
柱がジャマだな～

大スパン＝柱本数の減少となり，
ジャマな柱をなくすことができます．
PCは，自由な平面計画の**強い味方**となります．
また，何年か後の建物の用途変更も容易です．

PC造
ジャマな柱よ サヨウナラ!! → あぁ～スッキリした!!

2-2 PCa（プレキャスト）工法の特徴

(1) PCa工法とは，工法種別の用語です！

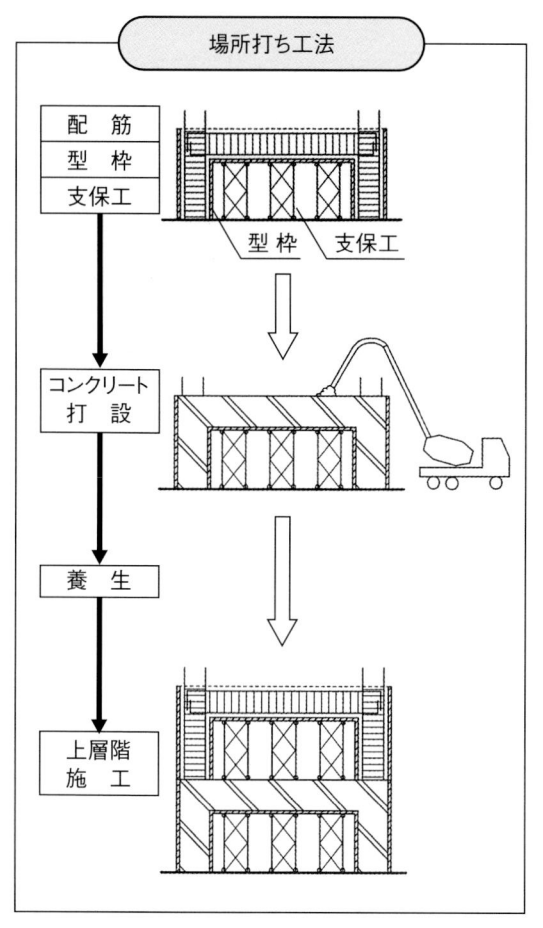

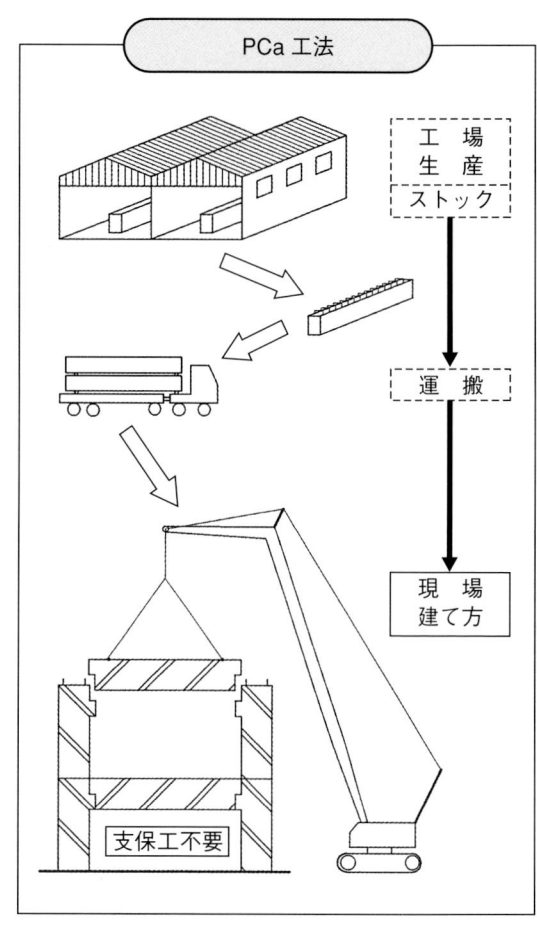

① PCa工法は場所打ち工法の場合に現場で行っていた，配筋 → 型枠・支保工 → コンクリート打設 → 養生 → 脱型の工程をすべて工場で行うものです．

② PCa工法の現場での作業は，工場から運搬された部材を**プラモデル**のように組立てるだけです．もちろん，**支保工は不要**となります．

③ PCa工法の部材と部材を接合するには，**PCによる圧着工法**などを用います．

④ PCa工法で，**PC**を利用すると，**大スパン・大荷重**も可能となります．

⑤ PCa化する部材（スラブ・梁・柱など）は，必要な部分・必要な範囲だけを自由に選択できます．

key point プレキャストとは，事前(Pre)に形つくる(cast)という意味です．

(2) PCa工法のメリットは？

a. コンクリートの品質

コンクリートは，**生もの**です．幼年期の環境がその品質に大きく影響します．
具体的には，「打設日とその翌日の天候」，「最初の1週間の天候と養生方法」です．

PCa部材は，**屋内の安定した環境**のもとで生産されます．また，**蒸気養生**も行います．
だから，**高強度・高品質**が可能になるのです．[$Fc = 30 \sim 70$ N/mm^2 ($300 \sim 700$ kg/cm^2)]

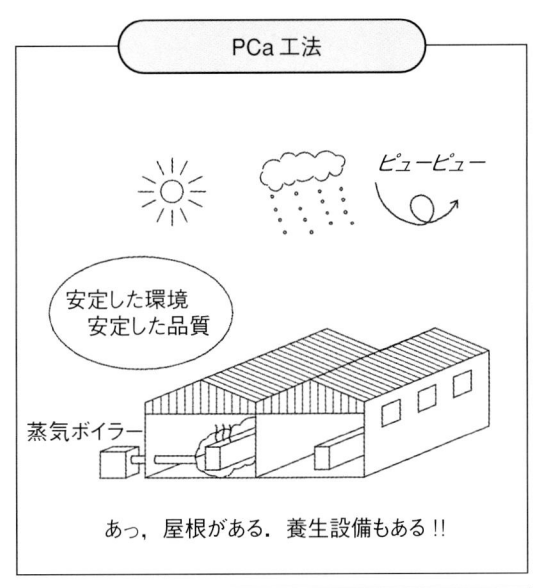

場所打ち工法	PCa工法
品質にバラツキが・・・	安定した環境 安定した品質
あれっ，屋根がない !!	あっ，屋根がある．養生設備もある !!

key point 場所打ち工法による製品の良否は，現場の環境と職人の技量に左右されます．

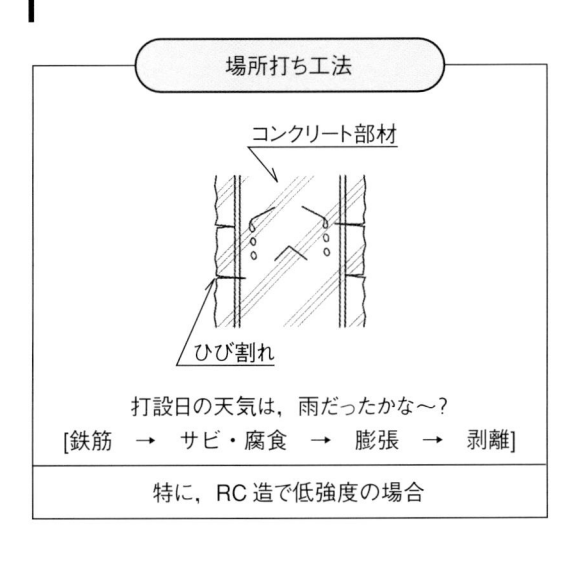

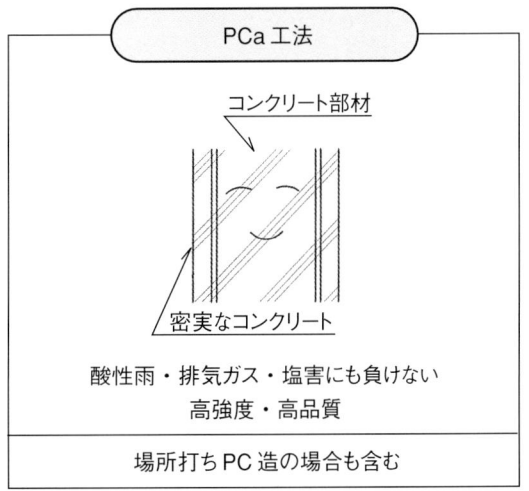

場所打ち工法	PCa工法
コンクリート部材／ひび割れ	コンクリート部材／密実なコンクリート
打設日の天気は，雨だったかな～？ [鉄筋 → サビ・腐食 → 膨張 → 剥離]	酸性雨・排気ガス・塩害にも負けない 高強度・高品質
特に，RC造で低強度の場合	場所打ちPC造の場合も含む

b. 部材製作の精度・造形の自由度

① 設備の整った工場で製作されるので，製品精度が良くなります．

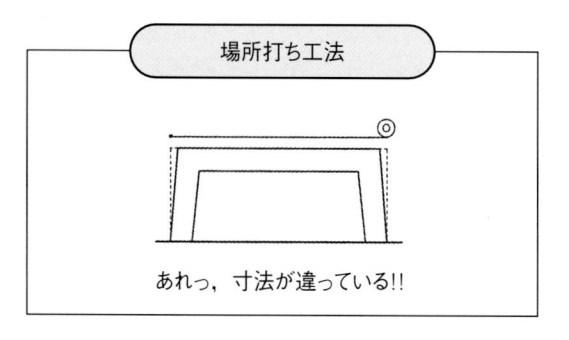

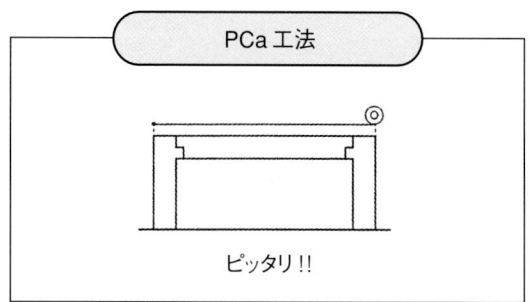

場所打ち工法	PCa工法
あれっ，寸法が違っている!!	ピッタリ!!

② パーツとしてつくるので，自由なつくり方ができます．

key point 打ち込み方向が変われば，難度も精度も変わります！！

薄いものでも・細いものでも，寝かせて打てば 楽々．

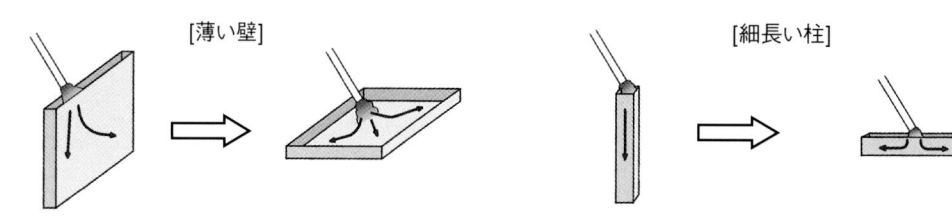

[薄い壁]　　　　　[細長い柱]

複雑な形状や，場所打ちではやりにくい形状でも，コンクリートの打込み方向が変われば楽々．

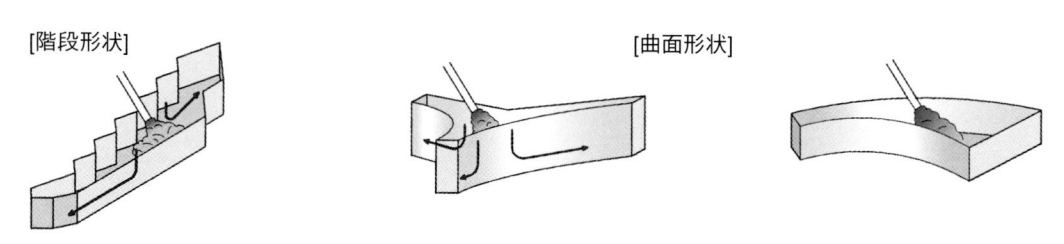

[階段形状]　　　[曲面形状]

③ 同じ形状を繰り返し使用する場合にも有利です．

[アーチ]　　　　　[観覧席]

c. 工場で部材をつくるので現場での作業が少なくなり，その分現場の工期が短くなります．
それから……

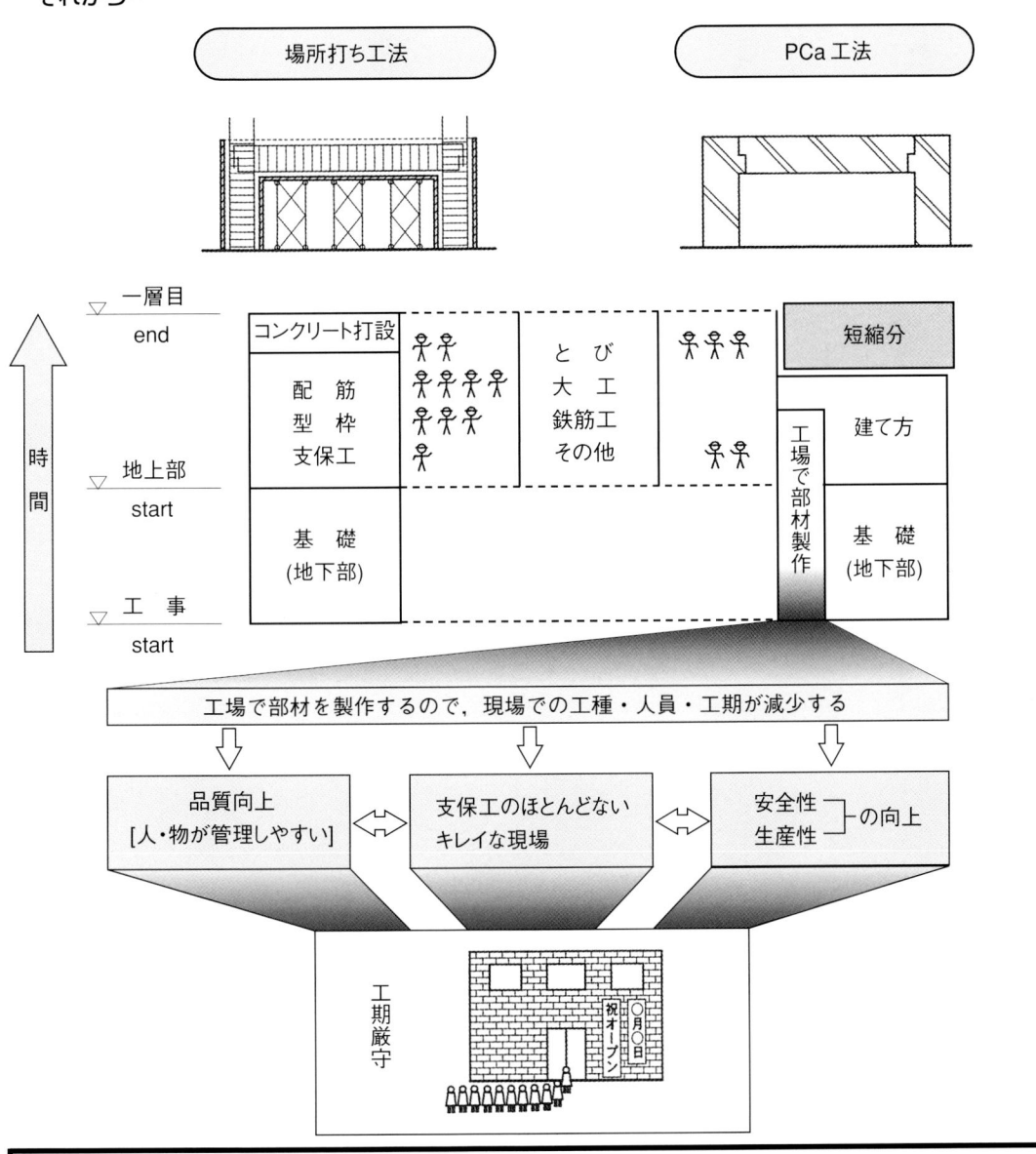

[図: 場所打ち工法とPCa工法の比較．工場で部材を製作するので，現場での工種・人員・工期が減少する → 品質向上[人・物が管理しやすい]，支保工のほとんどないキレイな現場，安全性・生産性の向上 → 工期厳守]

key point
労働者不足解消の例（5章 No.8-1「横浜国際総合競技場」の場合）

場所打ち工法	PCa工法
必要作業人員：約90万人	必要作業人員：約45万人

この例では，PCa工法の採用により現場作業員を約50％削減しています．
このようにPCa工法は，作業人員の減少・整理整頓されたキレイな現場を可能にします．
これは，生産性の向上ばかりでなく，事故災害の防止にも大きく貢献します．

d. 環境にやさしい

① **現場環境**──支保工の少ない，広い・キレイな現場です．⇨ **作業員に優しい**．
② **近隣環境**──工事の人員・車両が少なくなります．また，型枠・支保工の組立・解体等の騒音が少なくなります．⇨ **まわりに優しい**．
③ **地球環境**──木製型枠の使用量が減少し，森林破壊・地球温暖化の防止に役立ちます．
　　　　　　　⇨ **地球に優しい**．

---

key point 森林破壊解消の例［木製型枠を樹木（丸太）に換算すると……］

場所打ち工法

殺伐とした森林

さびしいな〜　　かつらでもかぶりたいョ！

(5章 No.8-1「横浜国際総合競技場」の場合)
延べ面積：約17万m² → 型枠面積：約102万m²

これは，直径60cm，高さ12mの樹木に換算すると約4500本に相当します．

PCa工法

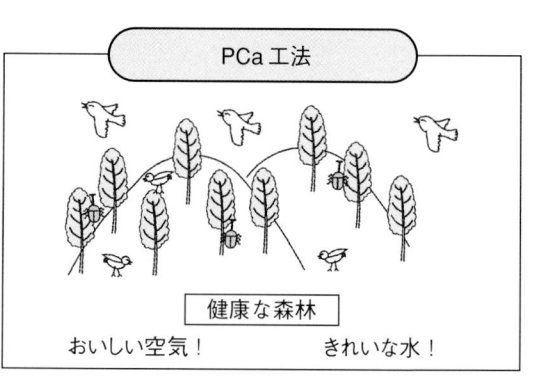

健康な森林

おいしい空気！　　きれいな水！

東南アジアから大量に木材を輸入している日本は，世界でも有数の「木材輸入大国」です．
資源の少ない日本にとって画期的な工法です．

---

key point 作業環境改善の例

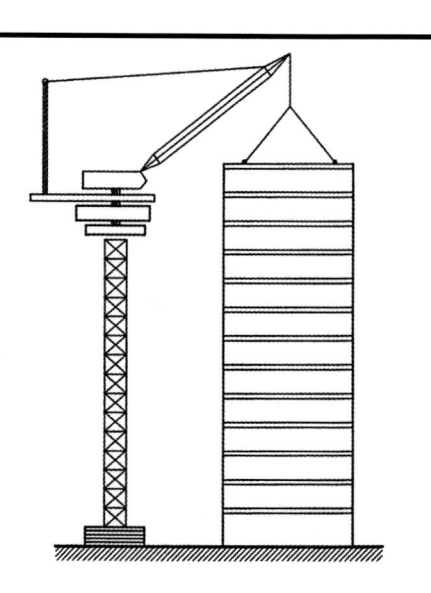

高所作業・危険作業が少なくなります．
整理整頓されたキレイな工事現場となります．

PCa工法は，安全性に優れた作業員に優しい工法です．

また，労働者不足も同時に解消する工法です．

e. では，コストは？

基本的に，「**現場でつくる**」のか，「**工場でつくる**」のかの違いだけです．しかし，この違いが簡単なようでいて，意外にむずかしい代物なのです．

食事を「**家で食べる**」のか，「**外で食べる**」のかに似ているような気がします．スーパーで買い物をして，家庭で調理して，食べて，後かたづけをする，これが**庶民的**（**経済的**）だと思います．
でもビル建設では，買い物・調理・配膳・後かたづけには当然，**経費**（**資材**・**人件費**）がかかります．

では，「お味は？」というと，もちろん「**おふくろの味**」が一番ですが，レストランの「**家庭では出せない味**」もまた魅力的ですばらしいものです．
おっと，「**外で食べる**」ことによる，「**心と時間のゆとり**」も忘れてはいけません．
これらのトータルバランスが経済性だといえます．

「**家庭では出せない味**」・「**心と時間のゆとり**」が，a.～d.の**高品質・精度・工期短縮・安全性・対環境**ということになります．

しかし，これらはダイレクトに数字（コスト）として表し難い代物でもあります．
一般的には，「**プラスα**」（付加価値）の副産物という評価が現状ではないでしょうか．
この「**プラスα**」（付加価値）を定量的に評価することが今後の課題といえます．

ちょっと抽象的ですが，
- イニシャルコストは安くありませんが，決して高くもありません．
- プラスα(付加価値)以上のメリットがあります．
- 多種少量は高くつきますが，うまく使えば，安くなります．
- 長持ち(高耐久性)しますので最終的には格段に安くなるはずです．

(6章参照)

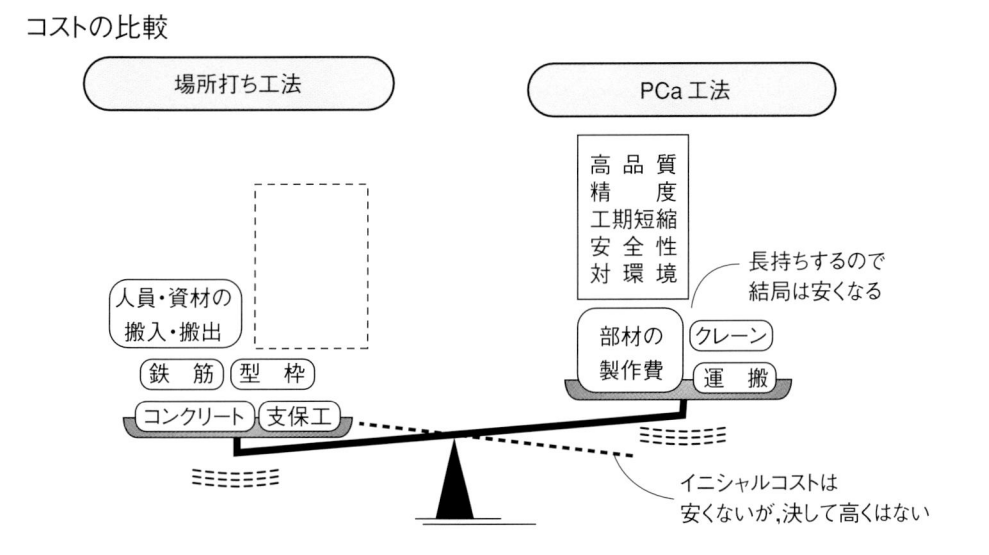

コストの比較

場所打ち工法 / PCa工法

PCa工法側：高品質，精度，工期短縮，安全性，対環境（長持ちするので結局は安くなる），部材の製作費，クレーン，運搬（イニシャルコストは安くないが，決して高くはない）

場所打ち工法側：人員・資材の搬入・搬出，鉄筋，型枠，コンクリート，支保工

コラム1

★ PCa工法の分類

	名称	内容	対象	特徴
1	WPC	Wall PC	中低層住宅	柱・梁のないプラニングが可能
2	RPC	Rahmen PC	オフィスビル	色々なプラン・用途に対応可能
3	WRPC	Wall Rahmen PC	高層住宅	壁式工法とラーメン工法を組み合わせた工法．省力化を追求．
4	H-PC	S柱のH鋼とコンクリート	高層住宅	柱のH型鋼を現場打ちコンクリートで一体化する

(社)日本建築学会　建築材料用ビデオ教材「PC工業化工法」より引用．ただし，表中「PC」は本文中では「PCa」と記載しています[9]．

★ PC構造とPCa工法の日本史

PC構造は，ヨーロッパで1928年頃から実用化されています．
日本でもコンクリートに生じる応力やひび割れの大きさによって
設計手法が開発され，PC，PRC等の規準等が整備されました．
資料集のようにPC建築を身近にみることができるようになりました．

1928	E.フレシネーがPC構造を実用化
1950～	日本にPC構造が導入され、18種の工法で実用され始める
1960(S35)	建設省からPC構造に関する告示が出される
1961(S36)	「PC設計施工規準・同解説」が日本建築学会より刊行される
	～ボーリング場の大梁に採用広まる～
1986(S61)	「PRC構造設計施工指針・同解説」が日本建築学会より刊行される
	～マンションでアンボンドスラブが広まる～（コラム2参照）
1987(S62)	「PC設計施工規準・同解説」改訂
	～PC・PCa工法広まる～
1998(H10)	「PC設計施工規準・同解説」改訂

ボーリングのブームに関係していたんだね．

3章 こんな部品を組み立てます
(この章では各種建物のPC，PCaの利用の状況例を示しました)

3-1 建物を全体的にPCa（プレキャスト）化

(1) 事務所・駐車場

	計画の特徴
PC	・長大スパンを小さな断面寸法で可能にする． ・有効階高を増加できる． (梁・柱にプレストレス導入)
PCa	・無支保工で工期短縮する．

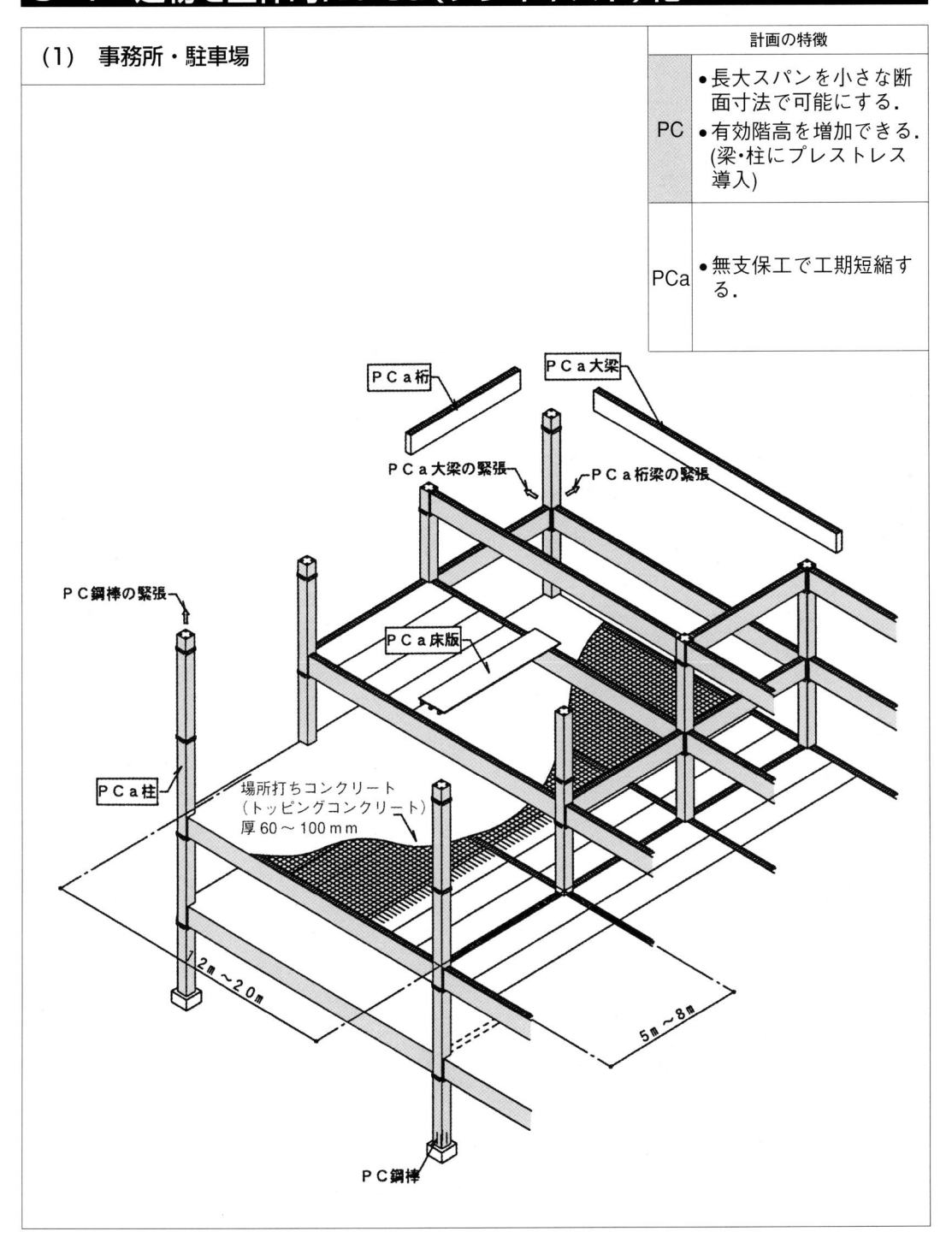

PCa桁
PCa大梁
PCa大梁の緊張
PCa桁梁の緊張
PC鋼棒の緊張
PCa床版
PCa柱
場所打ちコンクリート（トッピングコンクリート）厚60〜100mm
12m〜20m
5m〜8m
PC鋼棒

(2) 倉庫

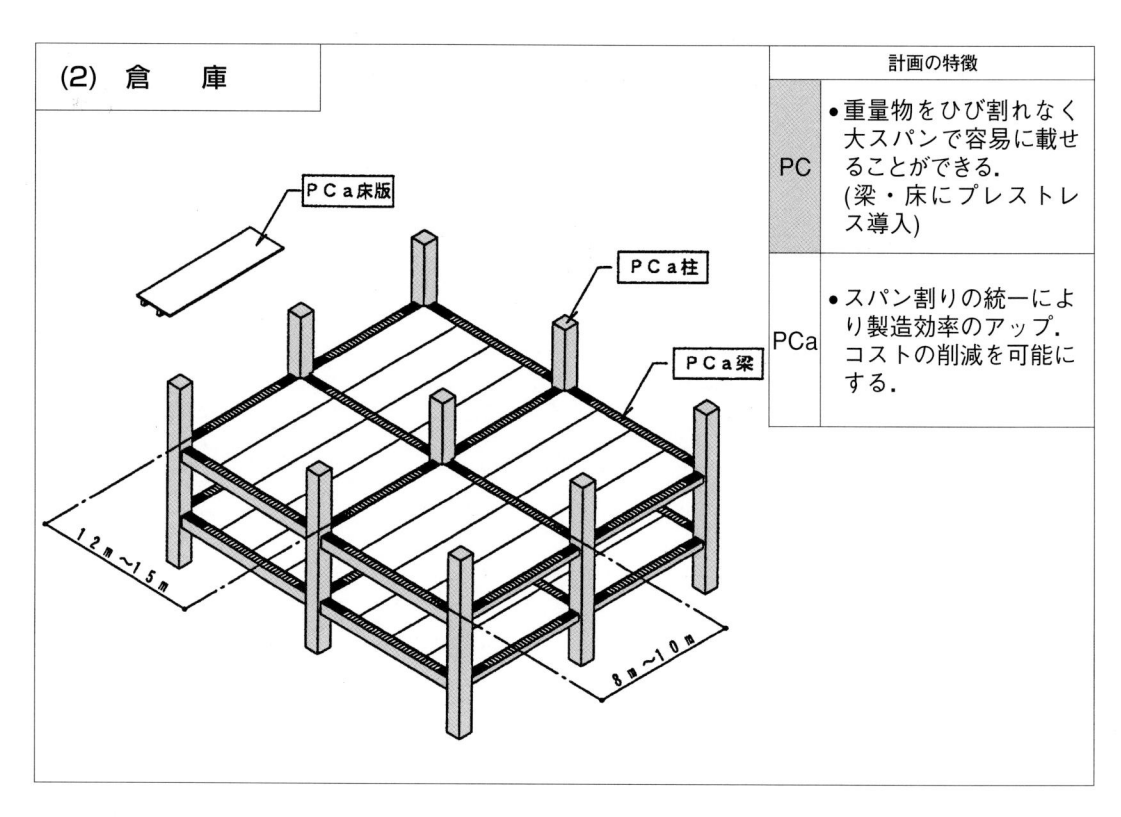

(図: PCa床版、PCa柱、PCa梁。スパン 12m〜15m、8m〜10m)

	計画の特徴
PC	・重量物をひび割れなく大スパンで容易に載せることができる.(梁・床にプレストレス導入)
PCa	・スパン割りの統一により製造効率のアップ.コストの削減を可能にする.

(3) 競技場・球技場

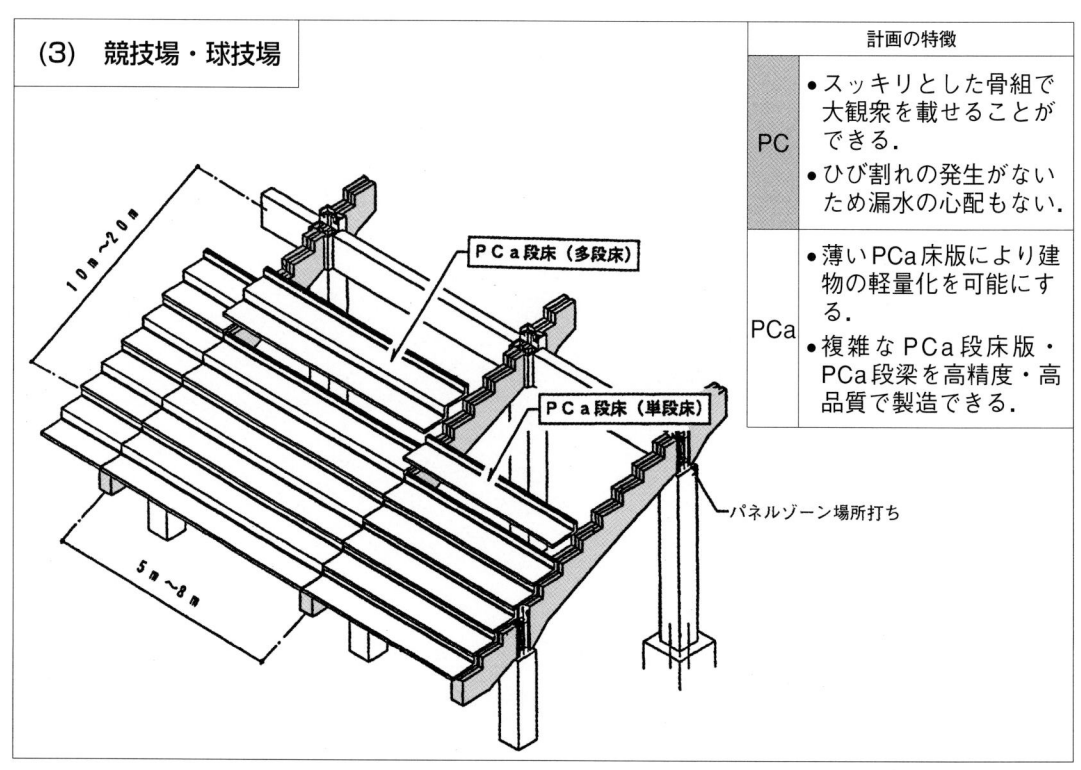

(図: PCa段床(多段床)、PCa段床(単段床)、パネルゾーン場所打ち。スパン 10m〜20m、5m〜8m)

	計画の特徴
PC	・スッキリとした骨組で大観衆を載せることができる. ・ひび割れの発生がないため漏水の心配もない.
PCa	・薄いPCa床版により建物の軽量化を可能にする. ・複雑なPCa段床版・PCa段梁を高精度・高品質で製造できる.

(4) PCドーム型・体育館・プラネタリウム

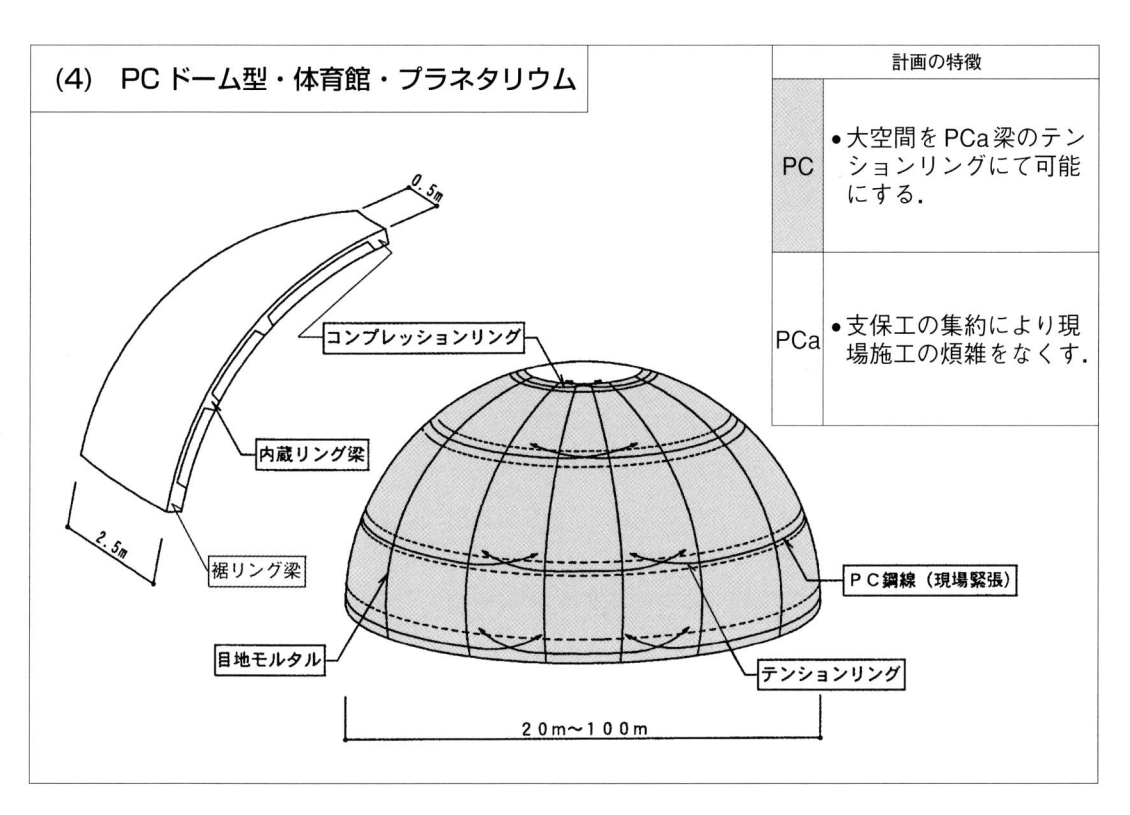

	計画の特徴
PC	・大空間をPCa梁のテンションリングにて可能にする.
PCa	・支保工の集約により現場施工の煩雑をなくす.

図中ラベル：コンプレッションリング／内蔵リング梁／裾リング梁／目地モルタル／PC鋼線（現場緊張）／テンションリング／0.5m／2.5m／20m～100m

(5) 共同住宅

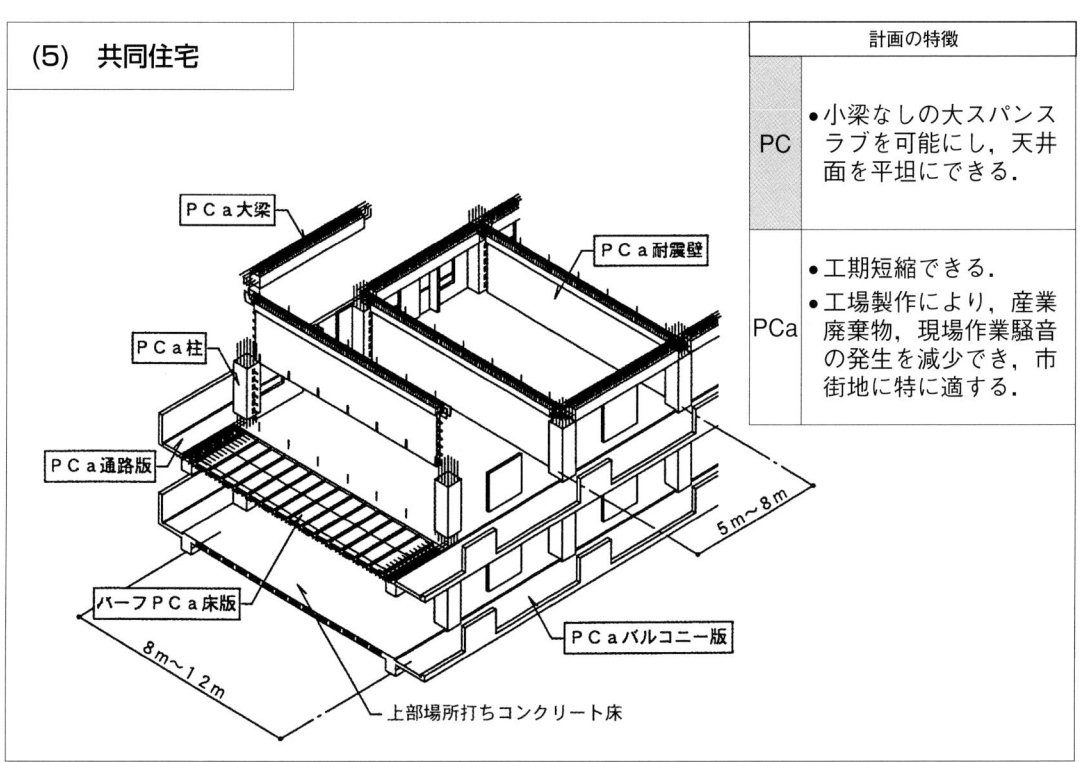

	計画の特徴
PC	・小梁なしの大スパンスラブを可能にし，天井面を平坦にできる.
PCa	・工期短縮できる. ・工場製作により，産業廃棄物，現場作業騒音の発生を減少でき，市街地に特に適する.

図中ラベル：PCa大梁／PCa耐震壁／PCa柱／PCa通路版／ハーフPCa床版／PCaバルコニー版／上部場所打ちコンクリート床／5m～8m／8m～12m

(6) 学　校

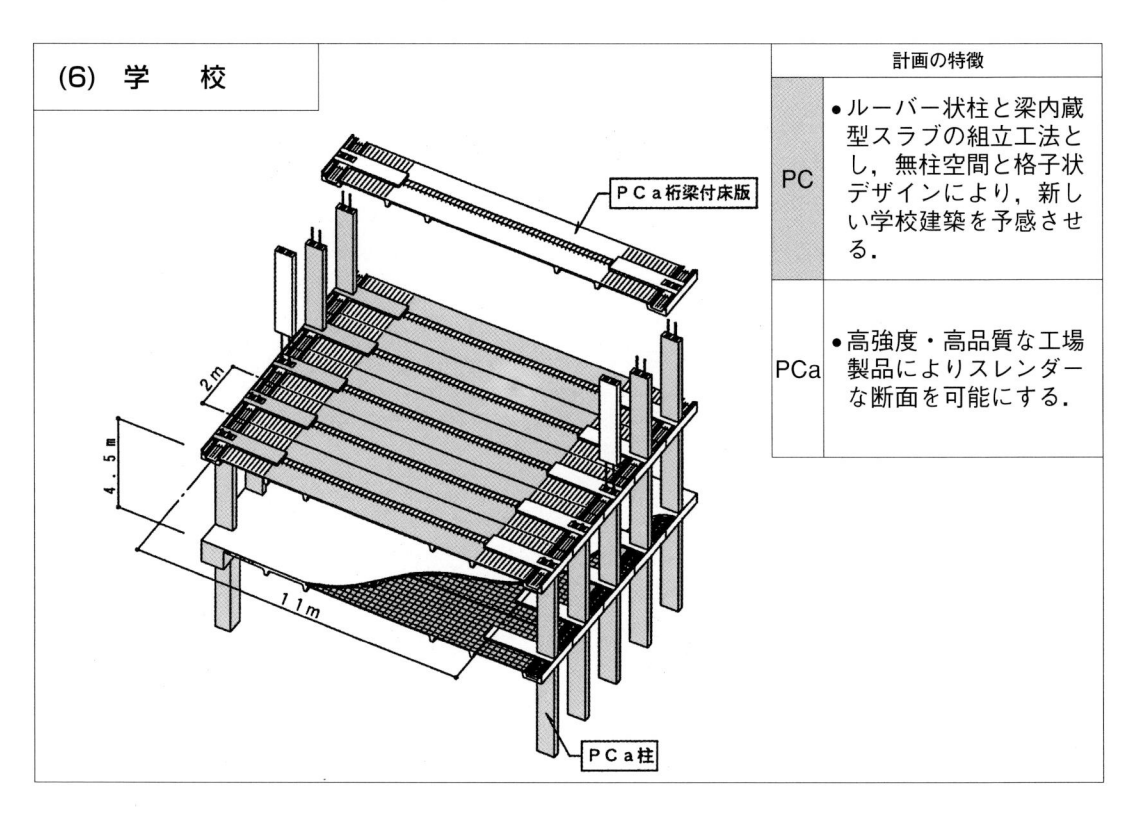

	計画の特徴
PC	・ルーバー状柱と梁内蔵型スラブの組立工法とし，無柱空間と格子状デザインにより，新しい学校建築を予感させる．
PCa	・高強度・高品質な工場製品によりスレンダーな断面を可能にする．

（図中ラベル：ＰＣａ桁梁付床版，ＰＣａ柱，2m，4.5m，11m）

(7) PCアーチ型展示場

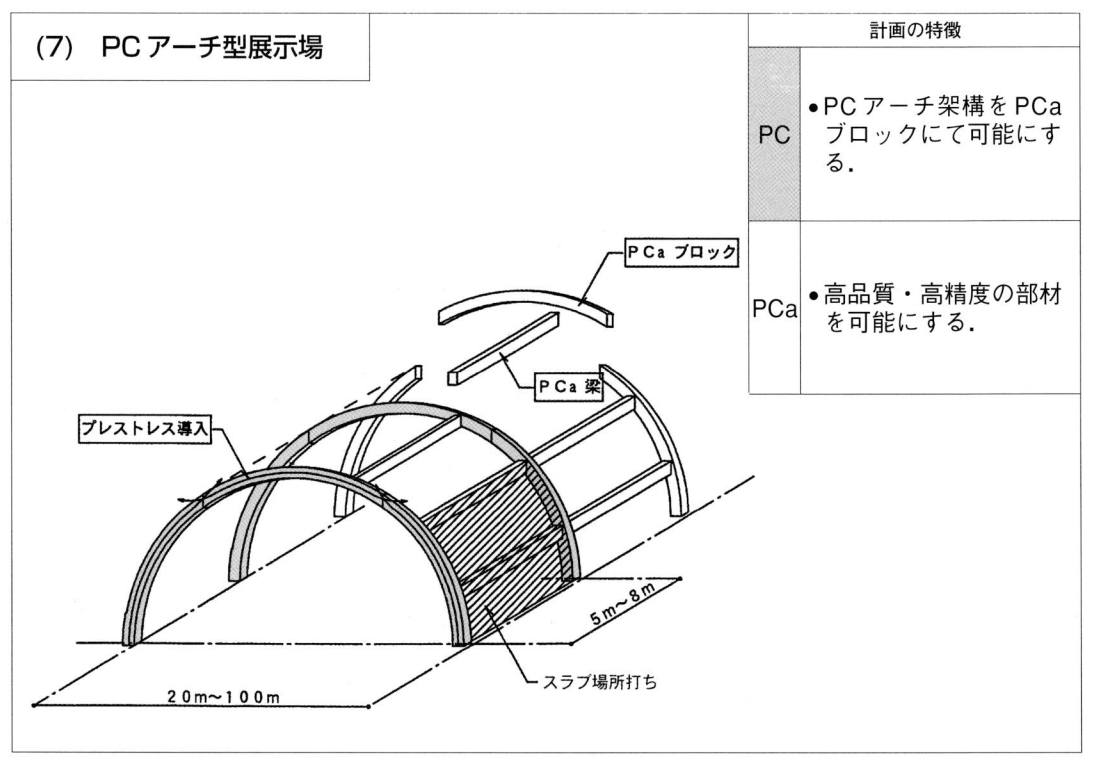

	計画の特徴
PC	・PCアーチ架構をPCaブロックにて可能にする．
PCa	・高品質・高精度の部材を可能にする．

（図中ラベル：PCa ブロック，PCa 梁，プレストレス導入，スラブ場所打ち，20m～100m，5m～8m）

3-2 建物を部分的にPCa（プレキャスト）化

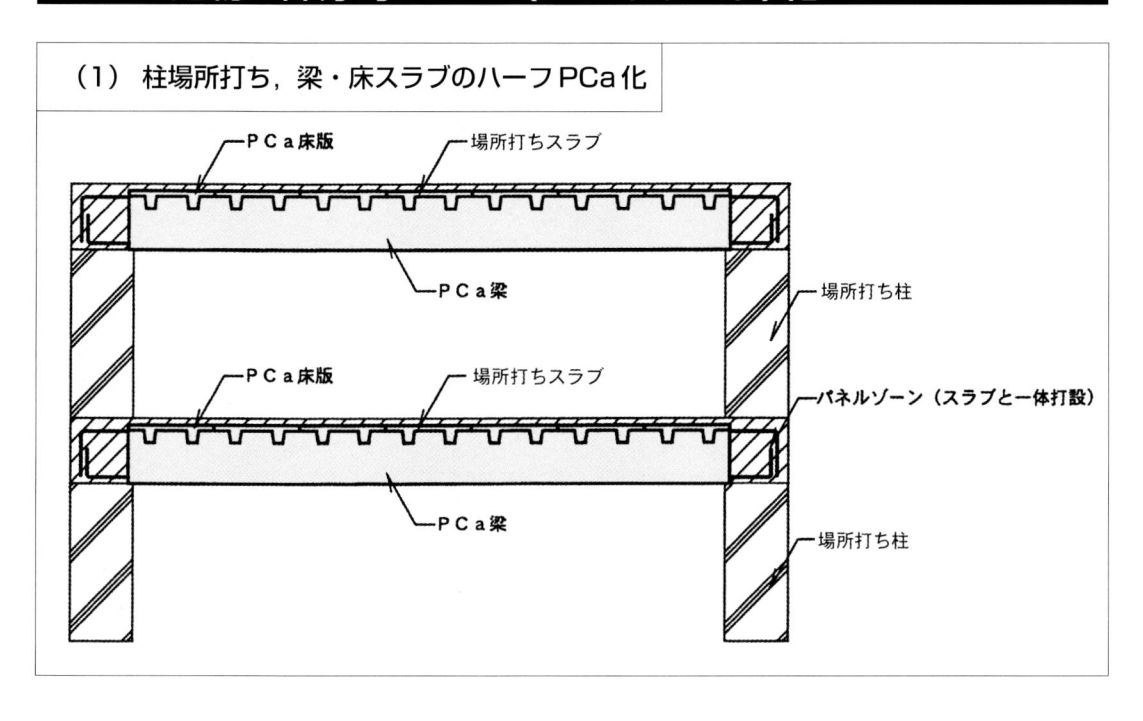

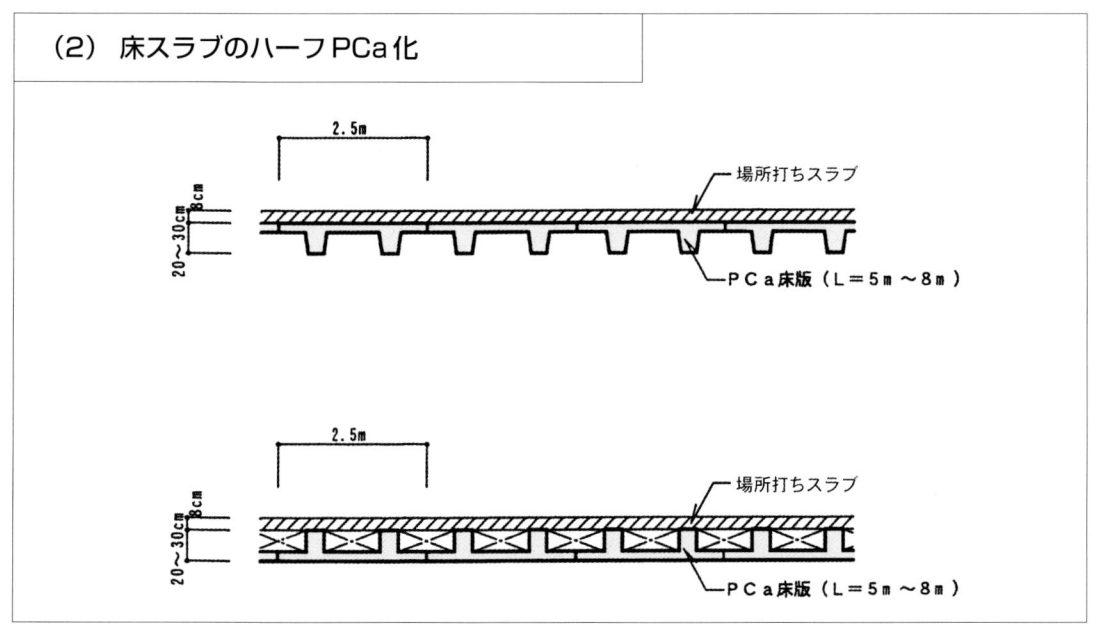

(1) 柱場所打ち，梁・床スラブのハーフPCa化

- PCa床版
- 場所打ちスラブ
- PCa梁
- 場所打ち柱
- パネルゾーン（スラブと一体打設）
- 場所打ち柱

(2) 床スラブのハーフPCa化

- 2.5m
- 8cm
- 20～30cm
- 場所打ちスラブ
- PCa床版（L＝5m～8m）

key point

ハーフPCaのハーフとは，「半分・途中」という意味です。ハーフPCaは，完成途中のパーツとしてのPCa製品です。場所打ちコンクリートと一体化（合成）して一人前の部材として完成します。

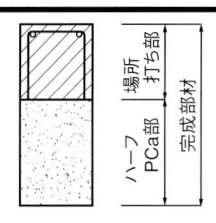

- 場所打ち部
- ハーフPCa部
- 完成部材

(3) 屋根のPCa化

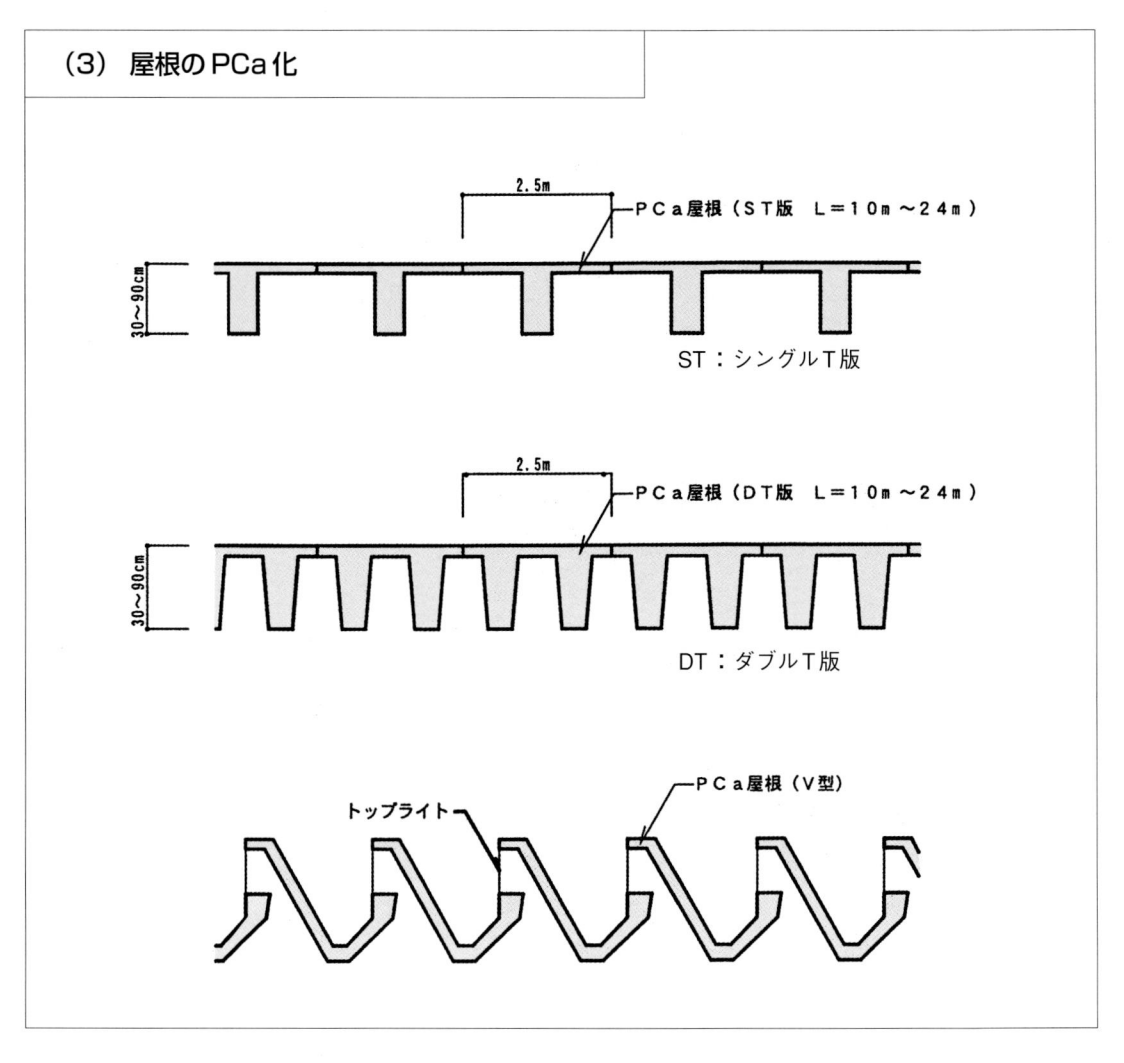

PCa屋根（ST版　L＝10m～24m）
2.5m
30～90cm
ST：シングルT版

PCa屋根（DT版　L＝10m～24m）
2.5m
30～90cm
DT：ダブルT版

トップライト
PCa屋根（V型）

(4) バルコニー・廊下のPCa化

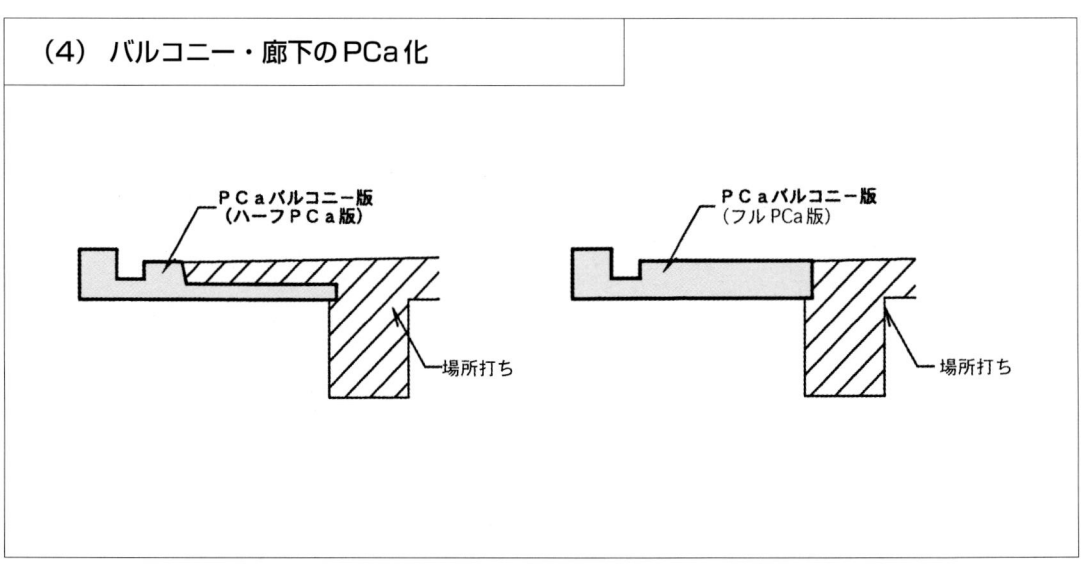

PCaバルコニー版
（ハーフPCa版）
場所打ち

PCaバルコニー版
（フルPCa版）
場所打ち

(5) 外壁のPCa化

- 場所打ち
- PCa外壁
- 場所打ち

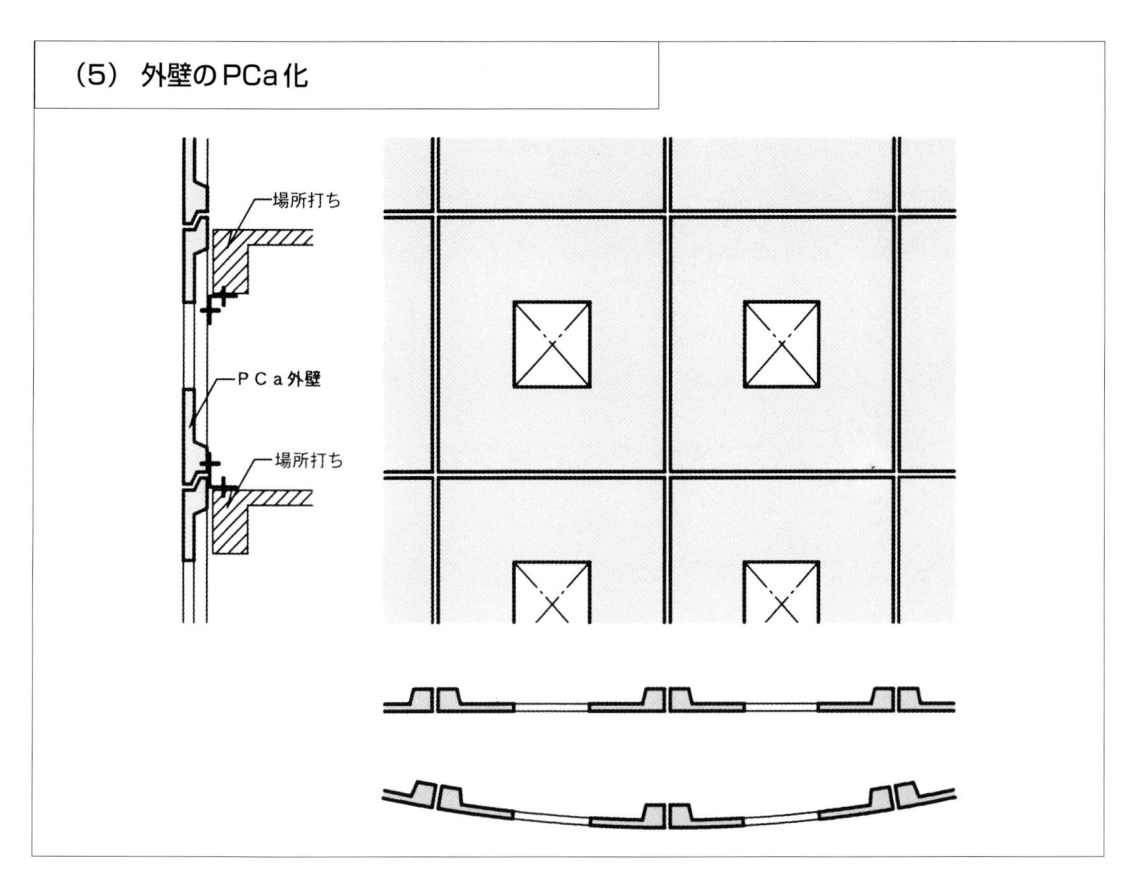

(6) 型枠兼用の柱梁ハーフPCa化

a. ハーフPCa梁

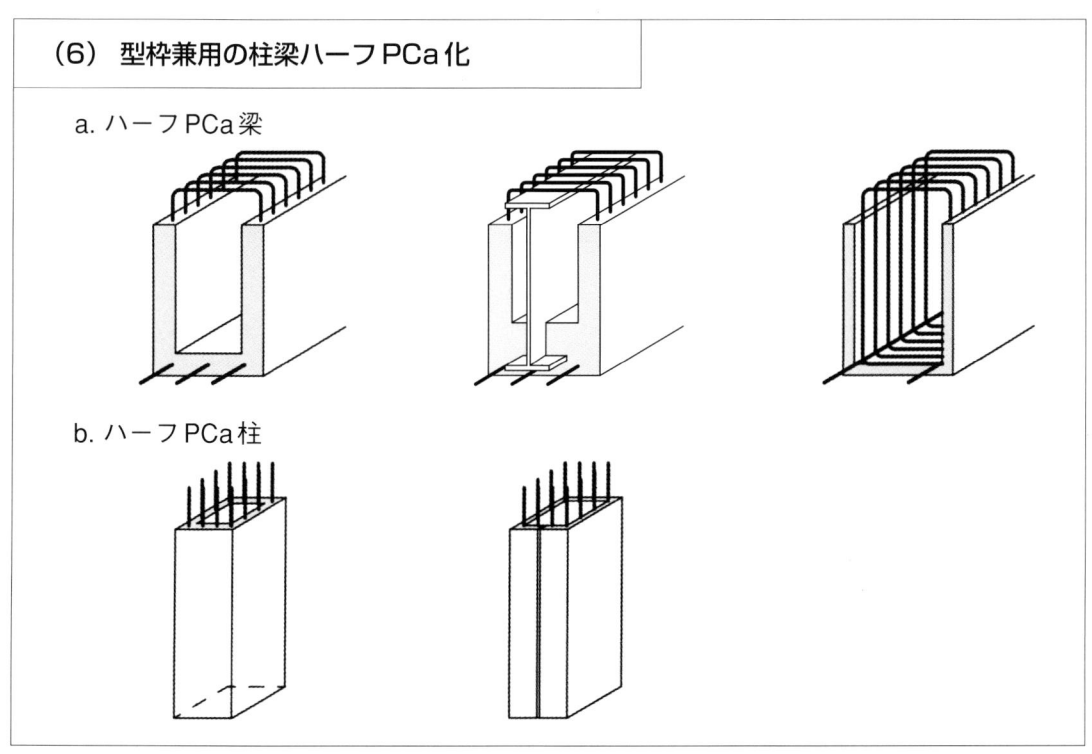

b. ハーフPCa柱

3-2 建物を部分的にPCa（プレキャスト）化

コラム2

★ アンボンドスラブ

「アンボンドスラブ」は，アンボンドPCケーブルで床のコンクリートを締めつけて，小梁のない床（スラブ）としたもので，マンションの床などによく採用されている．

「接着」を意味する「ボンド」に「なし」を意味する「アン」をつけて，
PCケーブルとコンクリートの間には『接着がない』ということを表現した
言葉が「アンボンド」です．

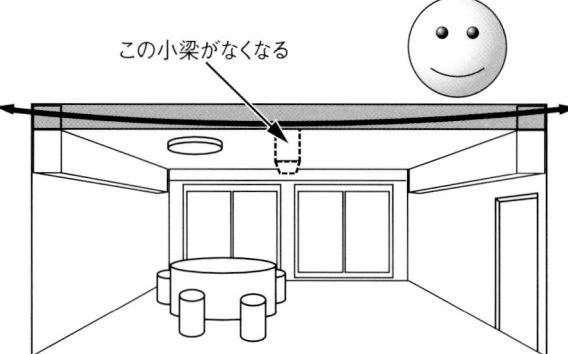

この小梁がなくなる

アンボンドPCケーブル

見えないコンクリートの中で床を持ち上げてくれている．天井中央の小梁がなくてすっきりする．

（下記のように，建物の両側からアンボンドPCケーブルを締めつければ，全住戸の床が締めつけられるという施工上の利点があります）

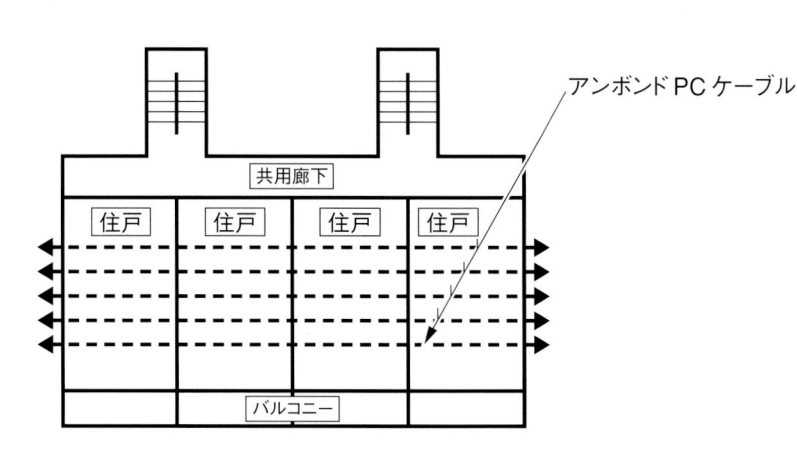

アンボンドPCケーブル

共用廊下

住戸　住戸　住戸　住戸

バルコニー

4章 まず、ここから始めます
（企画，設計段階から考えましょう）

4-1 建築主と設計者の同意

はじめに…
一般的にPCa建築は「とっつきにくいもの」，「高価なもの」と思っている方が多いように思われます．ただ，前章までのPCa・PC，PCa・RCの特徴を知ってその魅力を理解していただければ，PCa・PC，PCa・RCのファンとなること受け合いです．

前章までのPCa・PC，PCa・RCの特徴
1 デザイン性：自由な形状，スレンダーな断面 → 個性豊かな造形美を実現
2 機 能 性：大スパン大空間の確保が容易，有効階高を高くすることが可能
3 耐 久 性：たわみ・ひび割れを制御できる
　　　　　　　地震後，ひび割れは閉じる → 復元力特性に優れている
4 施 工 性：現場作業員削減，工種の減少，熟練化 → 安全性の向上
5 経 済 性：工期短縮，経費削減，維持管理費の低減
6 環境条件：「人に優しい」，「地球環境に優しい」

なるほど！ PCa・PC，PCa・RC建築は設計者の自由な発想を可能にし（付加価値をつけた）グレードの高い建物を建築主に提供できます．

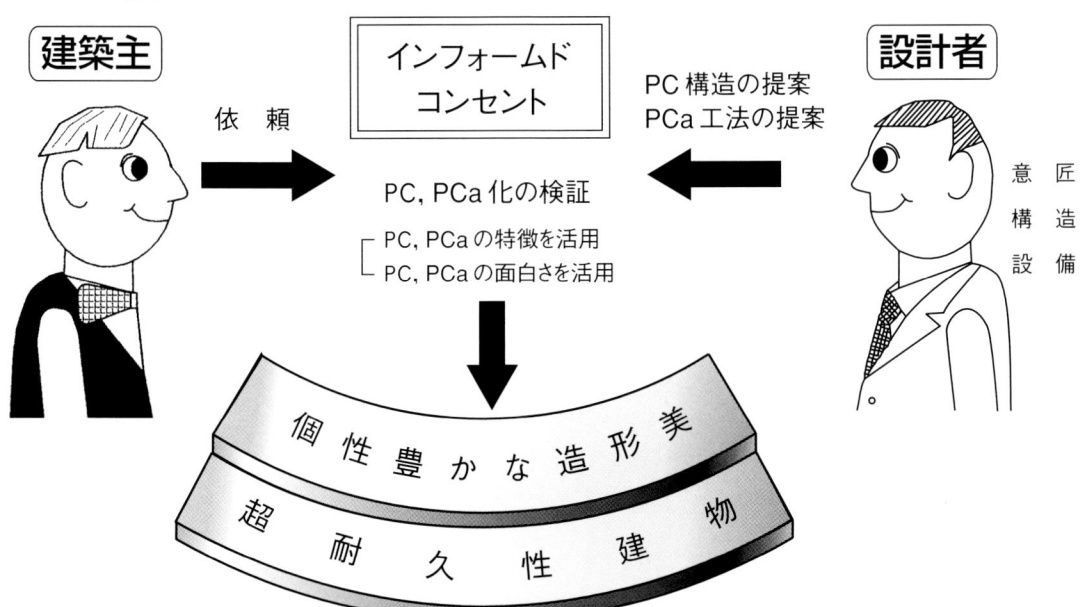

建築主 　依頼→　インフォームドコンセント　←PC構造の提案 PCa工法の提案　設計者

PC，PCa化の検証
- PC，PCaの特徴を活用
- PC，PCaの面白さを活用

意匠 構造 設備

個性豊かな造形美
超耐久性建物

◎ PCa建築とは特殊なものではありません

4-2　企画設計段階からの計画

PCa建築を採用するためには企画段階からの構造設計者の参入がベストであり，PCa化の動きが早ければ早いほど，いろいろな使い分けが可能になります．

建築主：この敷地で……，この積載荷重で……，竣工時期が決まってて……，予算も決まってて……その他いろいろな諸条件を満たすためには，一体どうすればいいんだろう……

設計者：お任せ下さい！わたしがご相談に応じます！！

PCa化の発想は組立の発想であり，まさにプラモデルです．
建築主からのさまざまな与条件をもとに，以下の ① ～ ④ のどれになるか見極めが重要です．

① PCaだからこそできる建築
　　計画当初から徹底した合理性，経済的な構造システムを利用した施工性に優れたシステム化が可能でPCaの特徴を最大限に生かせる場合．

次の頁から，より詳しく説明いたします!!

② PCaでもできる建築
　　システム化が可能で，工期短縮およびスケールメリットからローコスト化が重要なポイントとなる場合．

③ 本体はその他の構造で十分な建築
　　全体のシステム化の構築が不十分で各部位単体のシステム化のみに対応する場合．
　　例えば床版のみ既製のPCa版を型枠代わりに使用する場合など．

④ PCaではできない建築
　　建設予定地の形状および周辺の環境など，PCa化の条件が満たされない場合で，実質的に不可能な場合．

◎ PCaを効率的に活用するには

- 一定規模以上の建物に適します
  - 平面的に広い建物．
  - 階数の多い建物．
- 工期が短い建物に適します

- より効率的にするには
  - スパン割りを統一することにより柱・梁断面形状の共通化を図ります．
  - 平面プランあるいは立面形状の繰り返しを図ります．

① 柱・梁のPCa断面形状の統一化

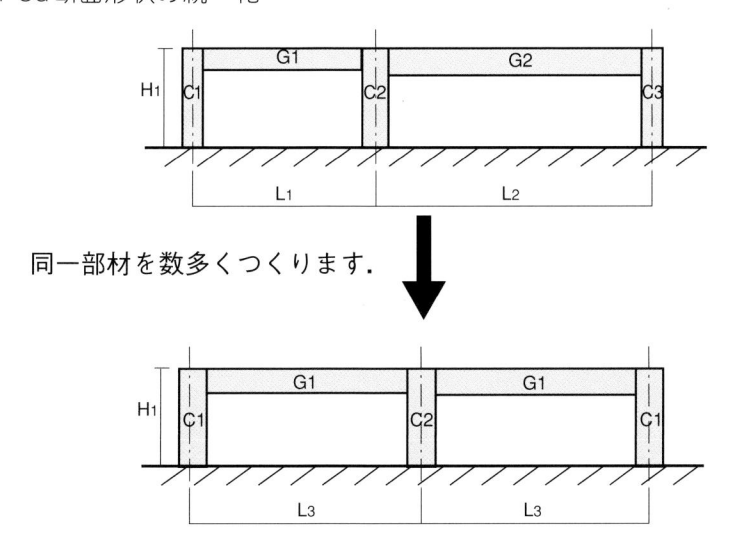

同一部材を数多くつくります．

② 建物規模（一定規模以上の建物では繰り返し効果が期待できます）
　　平面計画を統一することにより，柱・梁の断面形状の共通化を図ります．

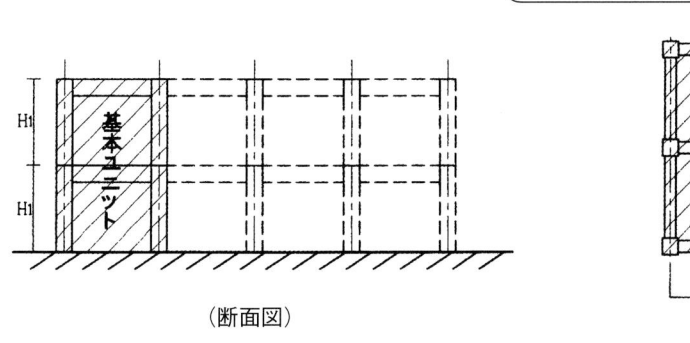

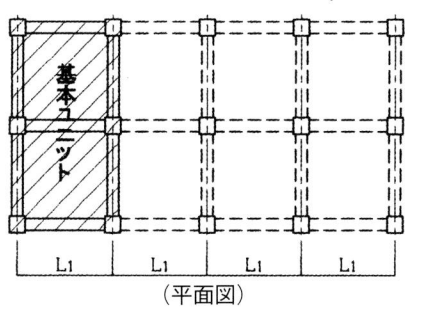

断面形状の共通化により同一部材を増やし，コストの削減を可能にします!!

（断面図）　　　　　（平面図）

4-2 企画設計段階からの計画

③ PCa規格品に合わせたプランニング

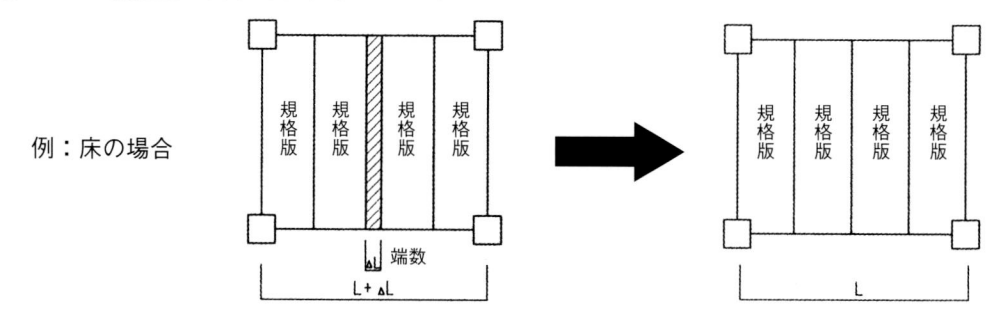

例：床の場合

④ PCa部材埋込みインサート等の統一化

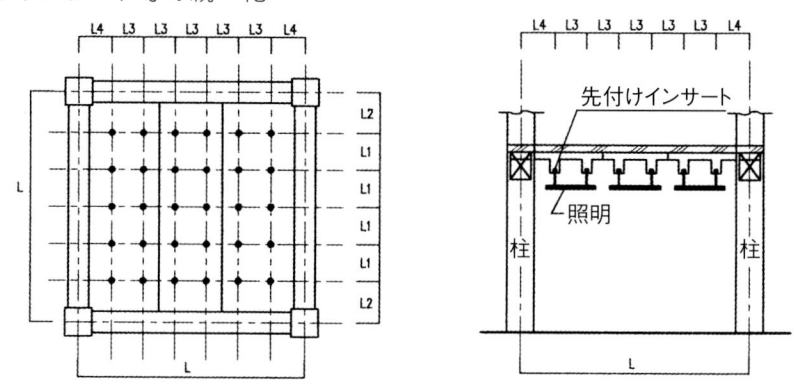

先付けインサート等はできるだけパターン化します．

⑤ 運搬・搬入経路を考慮したPCa部材長さ

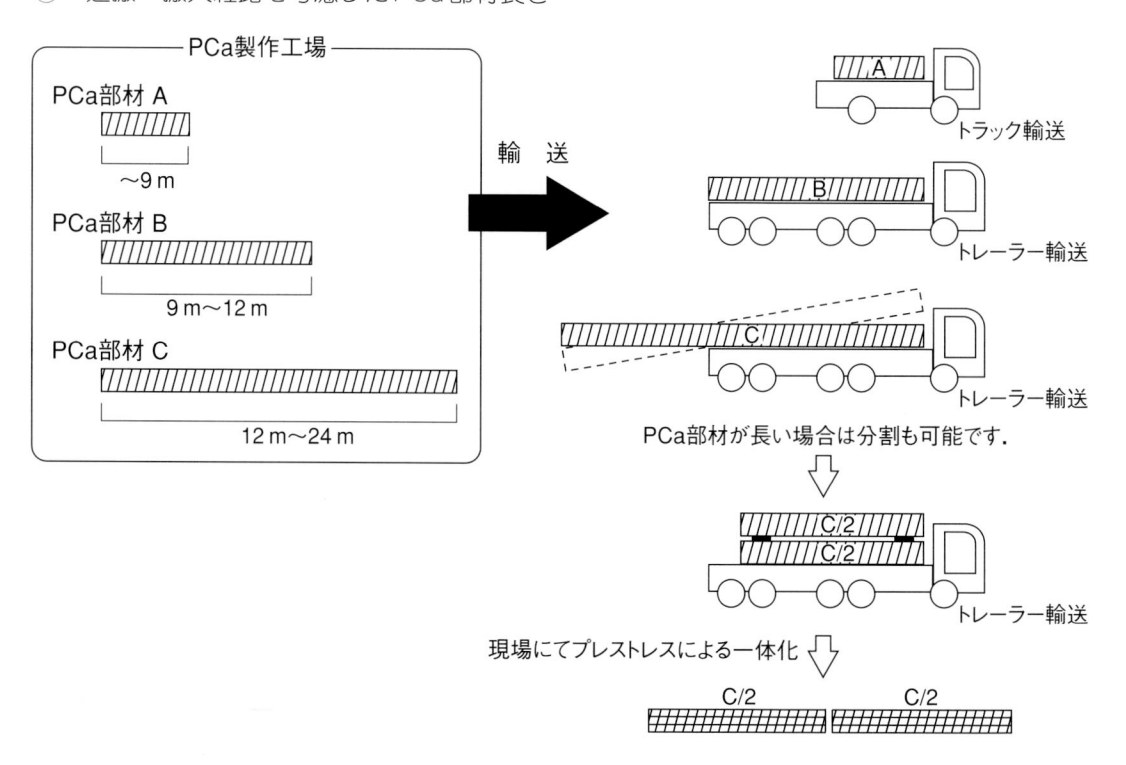

PCa製作工場
- PCa部材 A　〜9m
- PCa部材 B　9m〜12m
- PCa部材 C　12m〜24m

輸送

- トラック輸送（A）
- トレーラー輸送（B）
- トレーラー輸送（C）

PCa部材が長い場合は分割も可能です．

トレーラー輸送（C/2, C/2）

現場にてプレストレスによる一体化

C/2　C/2

4-3　部材の搬入経路の確認

建物の敷地条件より，PCa部材の架設計画を作成し，PCa工法の選定を行います．

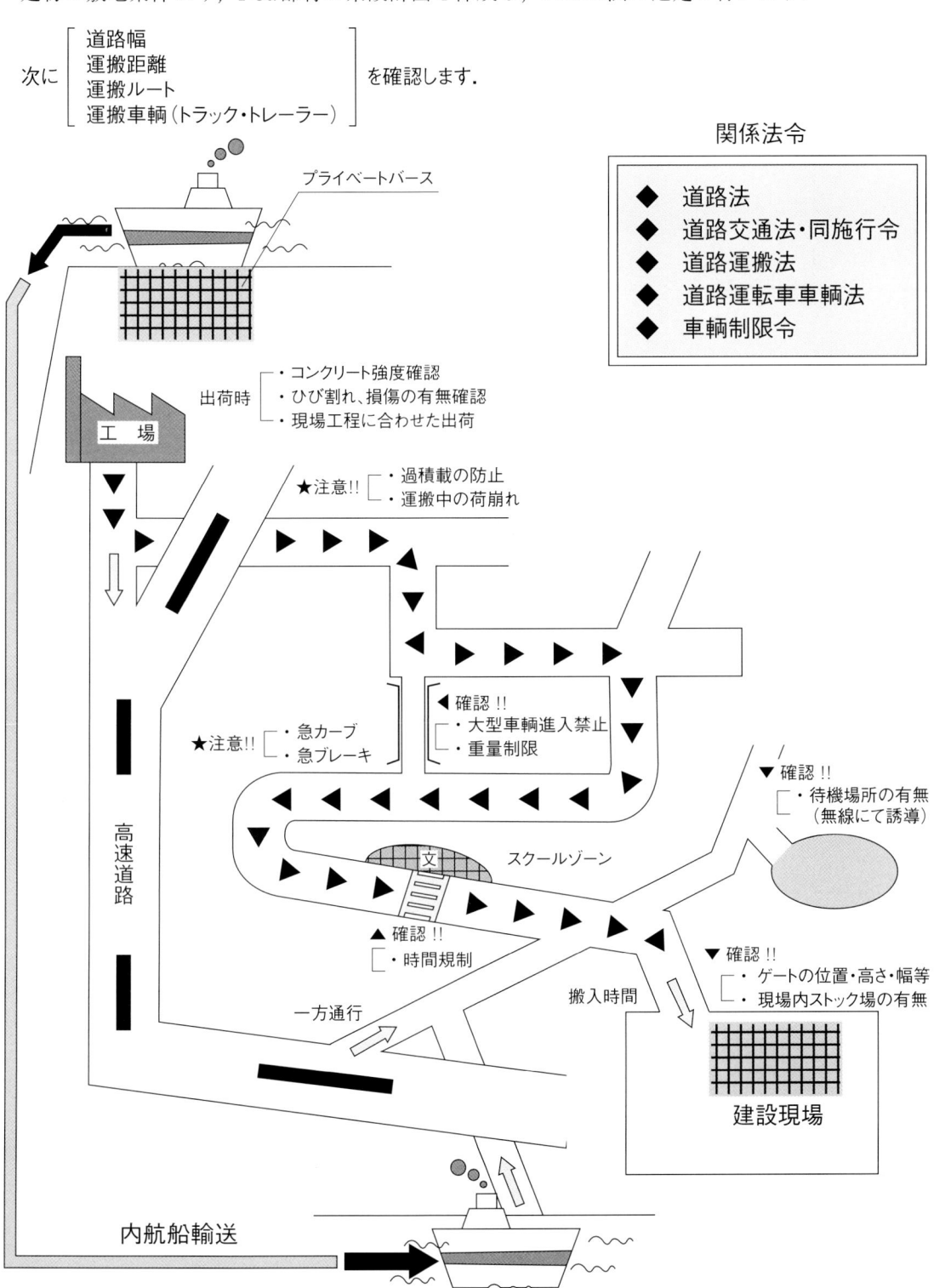

次に $\begin{bmatrix} 道路幅 \\ 運搬距離 \\ 運搬ルート \\ 運搬車輌（トラック・トレーラー） \end{bmatrix}$ を確認します．

プライベートバース

関係法令
- ◆ 道路法
- ◆ 道路交通法・同施行令
- ◆ 道路運搬法
- ◆ 道路運転車車輌法
- ◆ 車輌制限令

出荷時
- ・コンクリート強度確認
- ・ひび割れ、損傷の有無確認
- ・現場工程に合わせた出荷

工場

★注意!!
- ・過積載の防止
- ・運搬中の荷崩れ

★注意!!
- ・急カーブ
- ・急ブレーキ

確認!!
- ・大型車輌進入禁止
- ・重量制限

▼確認!!
- ・待機場所の有無
（無線にて誘導）

スクールゾーン

高速道路

▲確認!!
- ・時間規制

一方通行

搬入時間

▼確認!!
- ・ゲートの位置・高さ・幅等
- ・現場内ストック場の有無

建設現場

内航船輸送

4-4 組立方法を知っておこう

① 柱建方（第1節柱）

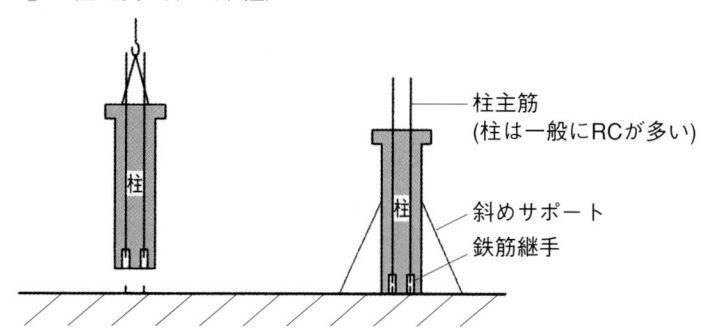

- 柱主筋（柱は一般にRCが多い）
- 斜めサポート
- 鉄筋継手

② 大梁架設

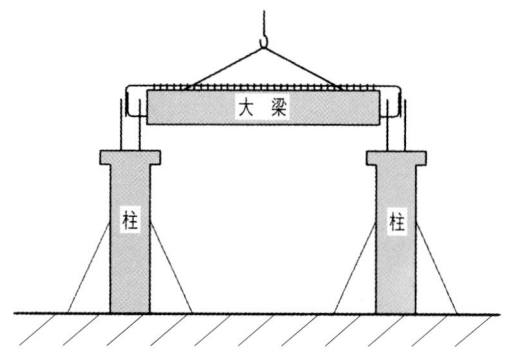

③ 小梁架設

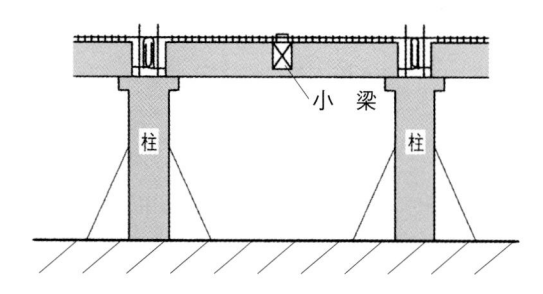

④ 床版架設
- 床板
- 小梁

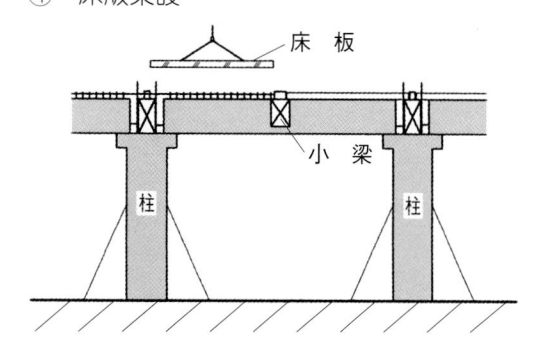

⑤ 場所打ちコンクリート打設（パネルゾーン部型枠取付後）
- ホッパー
- 小梁

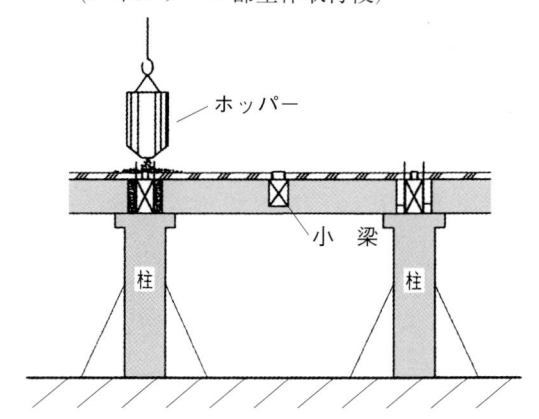

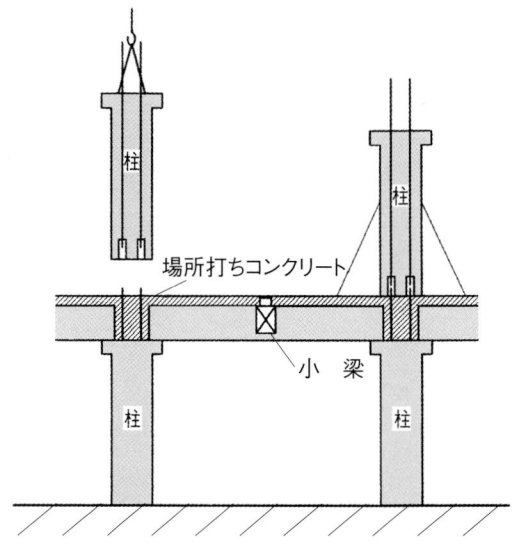

⑥ 柱建方（第2節柱）
- 場所打ちコンクリート
- 小梁

5章 こんな事例があります

5-1 事例一覧

用　途	No.	名　　称
1. 事務所	1-1	奈良県庁舎
	1-2	サカタのタネ本社ビル
	1-3	興亜火災神戸センター
2. 研究所	2-1	VRテクノセンター
	2-2	核融合科学研究所大型ヘリカル実験棟
3. 福祉施設	3-1	平野老人保健センター，女性いきいきセンター
4. 共同住宅	4-1	キャナルタウンウエストO地区（民開）
	4-2	（仮称）灘・日出町団地N地区（民開）
	4-3	都営住宅北青山一丁目計画
5. 学　校	5-1	埼玉県立看護福祉大学
	5-2	大阪成蹊学園南館
	5-3	川西小学校
6. 体育館	6-1	大阪市中央体育館
	6-2	和泉市立コミュニティーセンター体育館
7. プール	7-1	八幡屋プール
	7-2	絹の里，友ゆうプール
	7-3	朝日きれい館
8. 競技場	8-1	横浜国際総合競技場
	8-2	南長野運動公園多目的競技場
	8-3	熊本県民総合運動公園主陸上競技場
9. クラブハウス	9-1	愛和ゴルフクラブ宮崎コース・クラブ棟
	9-2	エムズゴルフクラブ クラブハウス
10. マーケット	10-1	ダイエー岡崎店
11. 展示場	11-1	瀬戸大橋架橋記念館
	11-2	名古屋港水族館オーシャンシアター
	11-3	愛媛県美術館
	11-4	宇治市源氏物語ミュージアム
	11-5	山陰・夢みなと博覧会シンボル施設
12. 倉　庫	12-1	（株）住友倉庫 大阪港支店南港R倉庫
	12-2	第一倉庫冷蔵（株）岩槻第2冷蔵倉庫
	12-3	六甲アイランド7号上屋
	12-4	東邦運輸倉庫（株）仙台港支店
	12-5	西濃運輸（株）六甲アイランドターミナル
13. 卸売市場	13-1	東京都中央卸売市場葛西市場花き部施設
	13-2	大阪市中央卸売市場本場市場棟（第1期，第2期）
	13-3	新相浦市場市場棟
14. 工　場	14-1	（株）東北東海
	14-2	（株）大安京つけもの工房
15. 駐車場	15-1	灘・日出町団地立体駐車場
	15-2	千葉センシティパークプラザ駐車場
	15-3	香川県玉藻町駐車場
16. 処理場	16-1	猪名川流域下水道原田処理場第3系列水処理施設
	16-2	荒川右岸流域下水道終末処理場
	16-3	沖縄県北谷海水淡水化施設
	16-4	桂川洛西浄化センター脱水機棟上屋
	16-5	鴻池処理場水処理施設
	16-6	桂川洛西浄化センター水処理上屋
17. 神社仏閣	17-1	多磨霊園納骨堂
	17-2	鎌倉雪の下教会 教会堂
18. 空　港	18-1	那覇空港国内線旅客ターミナルビル

1. 事務所

No.1-1　奈良県庁舎

主な特徴	外壁（腰壁・たれ壁）とバルコニーおよびその先端部のたれ壁を一体化したプレキャスト版を採用し，また，手摺およびその支柱もプレキャスト化し，バルコニーの先端を圧着接合しています．

写真・パース

建築場所	奈良県奈良市
建物用途	庁舎
建物規模	地下2階・地上6階・塔屋1階
軒高さ	23.80 m
建築面積	3 164.48 m²
延床面積	21 237.47 m²
プレキャスト採用部位	PC：腰壁・たれ壁　バルコニー版　RC：手摺・梁隠し
建築主	奈良県
設計者	(株)日建設計
施工者	奥村・森本・森・浅川・山中JV
専業者	(株)ピー・エス
参考	

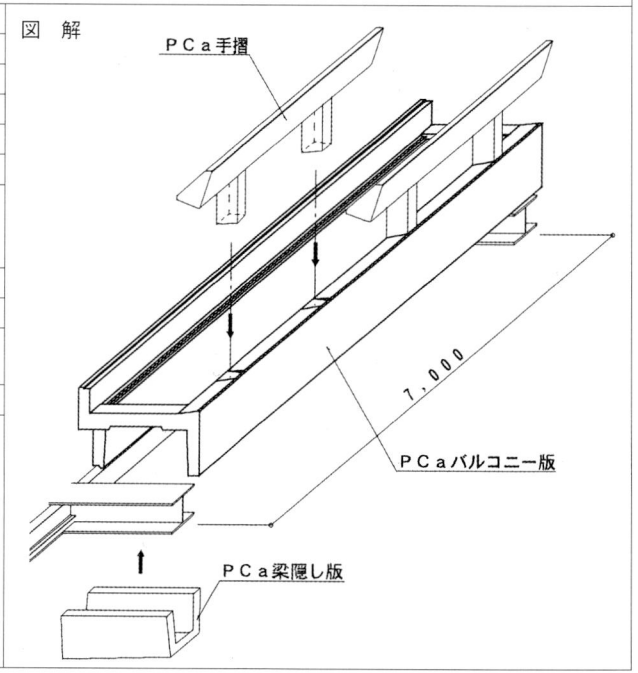

図解

PCa手摺
PCaバルコニー版
PCa梁隠し版
7,000

No.1-2　サカタのタネ本社ビル

主な特徴	直交梁付きシングルティー版(ST版)を，柱・桁方向に緊張しスパン15mの無柱空間を構成しています．

写真・パース

建築場所	神奈川県横浜市
建物用途	事務所
建物規模	地下1階・地上6階
軒高さ	20.00 m
建築面積	3 992.00 m²
延床面積	15 203.00 m²
プレキャスト採用部位	PC：柱・梁・床版 RC：
建築主	サカタのタネ
設計者	日本設計(株)
施工者	戸田建設(株)
専業者	フドウ建研(株)

参考
柱・スパン梁・桁梁内蔵型スラブ版をPCa化し，組立工法とした．
「プレストレストコンクリート」Vol.40, No.3[22]
「日経アーキテクチュア」1994年7月4日号[46]

図解

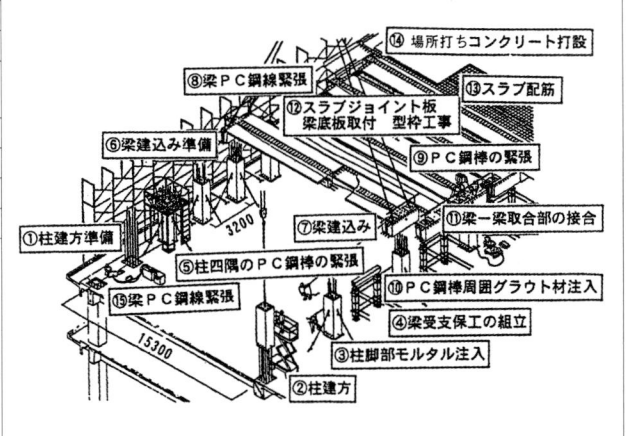

①柱建方準備
②柱建方
③柱脚部モルタル注入
④梁受支保工の組立
⑤柱四隅のPC鋼棒の緊張
⑥梁建込み準備
⑦梁建込み
⑧梁PC鋼線緊張
⑨PC鋼棒の緊張
⑩PC鋼棒周囲グラウト材注入
⑪柱-梁取合部の接合
⑫スラブジョイント板梁底板取付　型枠工事
⑬スラブ配筋
⑭場所打ちコンクリート打設
⑮梁PC鋼線緊張

1. 事務所

No.1-3 興亜火災神戸センター

主な特徴　PC造の上部構造と基礎の間に鉛プラグ入り積層ゴムおよび積層ゴムを設置した**免震構造物**です．フーチング基礎もプレキャスト化しています．このようにして，フレキシビリティー・耐震安全性・耐久性・工期のいずれも比類のない高性能を可能にしています．
（1章1-1⑦参照）

写真・パース

建築場所	兵庫県神戸市
建物用途	電算センター
建物規模	地上3階
軒高さ	15.20 m
建築面積	4 073.00 m²
延床面積	11 987.00 m²
プレキャスト採用部位	PC：基礎フーチング・柱・大梁・小梁・床版 RC：
建築主	興亜火災海上保険(株)
設計者	(株)竹中工務店
施工者	竹中・長谷工・鉄建・フットワーク・藤木・大木・新井組・日本国土建設JV
専業者	黒沢建設(株)
参考	「プレストレストコンクリート」Vol.41, No.4[16]

図解

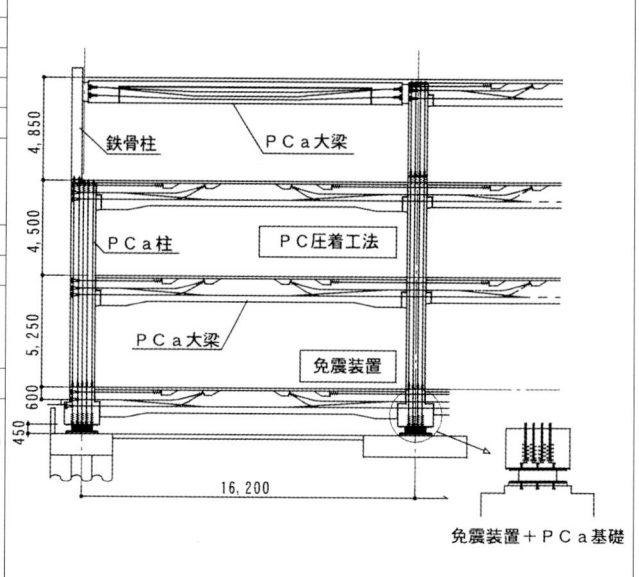

鉄骨柱　PCa大梁　PCa柱　PC圧着工法　PCa大梁　免震装置

免震装置＋PCa基礎

2. 研究所

No.2-1　VRテクノセンター

主な特徴	V型の平面形状の建物にプレキャストアーチ梁を採用し，3ブロックに分割して製作を行い，圧着工法により1本化しています．また，斜面に3段に配置された建物の屋根には，シングルティー版(ST版)およびプレキャスト柱を採用しています．

写真・パース

図　解

建築場所	岐阜県各務原市
建物用途	研究室
建物規模	地上2階・地下3階
軒高さ	11.50 m
建築面積	6 431.21 m^2
延床面積	12 124.48 m^2
プレキャスト採用部位	PC：アーチ梁・屋根版 RC：柱
建築主	岐阜県
設計者	リチャード・ロジャース・パートナーシップ・ジャパン (株)梅沢建築構造研究所
施工者	大日本・市川JV
専業者	(株)ピー・エス
参　考	「プレストレストコンクリート」Vol.40, No.4[17]

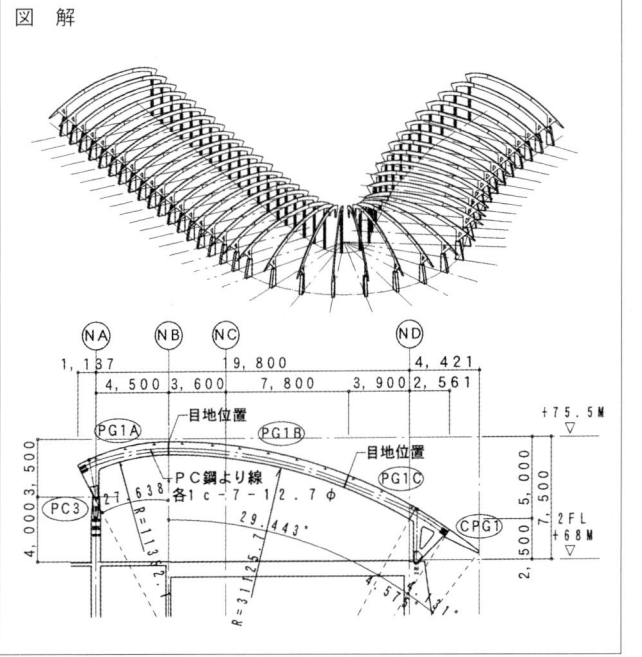

No.2-2　核融合科学研究所大型ヘリカル実験棟

主な特徴　屋根スラブは，長さ45mの中空PCa梁を地上で製作し，壁上までリフトアップする工法により構築し，遮蔽性能を有しています．73m(Lx)×43m(Ly)×35.5m(H)の大空間を実現しています．

写真・パース

建築場所	岐阜県土岐市下石町
建物用途	実験室
建物規模	地上3階
軒高さ	39.60m
建築面積	12 671 m²
延床面積	19 879 m²
プレキャスト採用部位	PC：梁 RC：床版
建築主	文部省大臣官房文教施設部
設計者　基本設計：	文部省大臣官房文教施設部　名古屋工事事務所
実施設計：	(株)日建設計
施工者	清水・大成・戸田・三井JV
専業者	オリエンタル建設(株)
参考	「プレストレストコンクリート」Vol.37, No.1[28]

図解

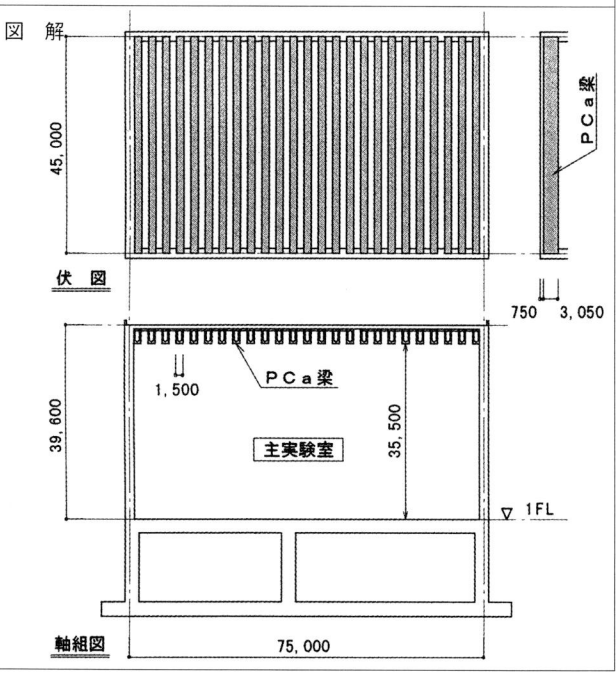

伏図　45,000　PCa梁

軸組図　39,600　75,000　1,500　750　3,050　35,500　主実験室　PCa梁　1FL

3. 福祉施設

No.3-1　平野老人保健センター，女性いきいきセンター

主な特徴	渡り廊下は，鉄骨構造の予定から，耐久性，および振動性能を高くするために，プレキャスト部材を採用しています．梁せいを小さくするためにプレストレスを導入しています．

写真・パース

建築場所	大阪府大阪市
建物用途	福祉施設
建物規模	地上7階
軒高さ	27.27 m
建築面積	3 968.40 m²
延床面積	16 361.93 m²
プレキャスト採用部位	PC：渡り廊下桁 RC：
建築主	都市基盤整備公団
設計者	(株)安井建築設計事務所
施工者	大日本土木・栗本JV
専業者	ピーシー橋梁(株)
参考	

図解

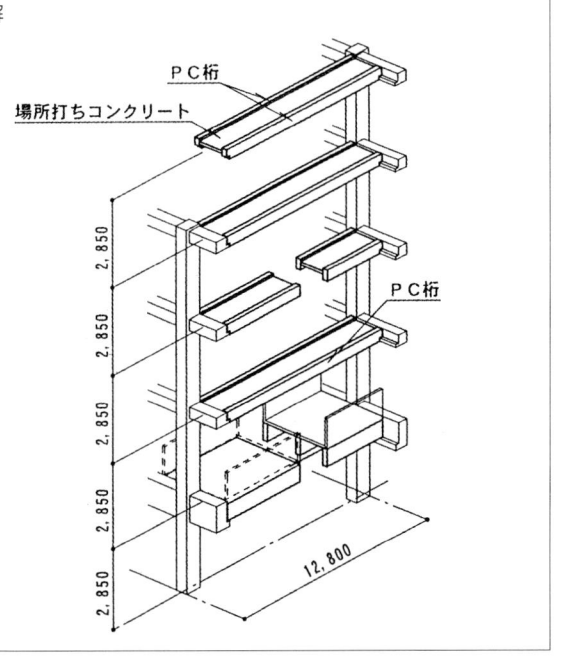

4. 共同住宅

No.4-1　キャナルタウンウエストO地区（民開）

主な特徴	中央にライトウェルがあり，変形八角形の平面プランで構成された超高層集合住宅で，全コンクリート量の約70％をPCa化し，梁PCaの地上組・大型PCaスラブの現場製造により，1フロアー3日の施工サイクルを実現しています．（1章1-1⑨参照）

写真・パース

建築場所	兵庫県神戸市
建物用途	共同住宅
建物規模	地下1階・地上37階 塔屋2階
軒高さ	111.65 m
建築面積	1 170.17 m^2
延床面積	27 173.33 m^2
プレキャスト採用部位	PC：大梁 RC：柱・大梁・小梁・床版 　　バルコニー版
建築主	都市基盤整備公団
設計者	鹿島建設(株)
施工者	鹿島・日本国土・淺沼JV
専業者	ピーシー橋梁(株)・ 日本コンクリート工業(株)・ (株)トップコン
参考	「ビルディングレター」1997年3月[53] 「セメント・コンクリート」1999年5月[40]

図解

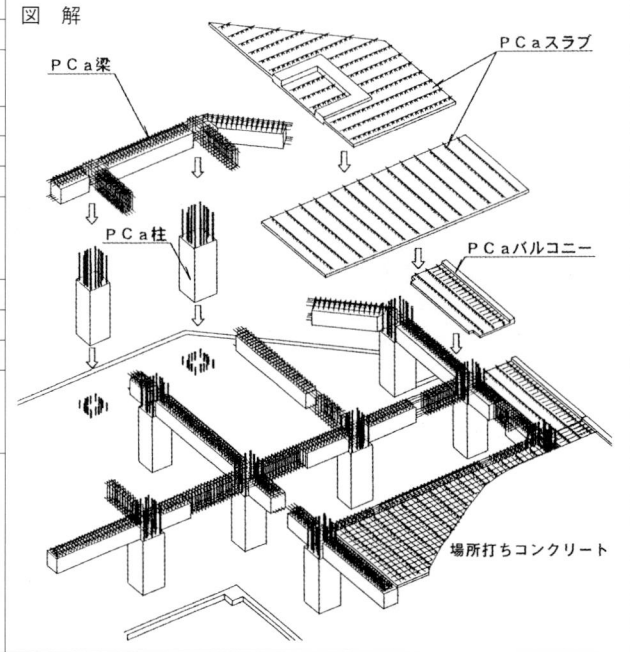

No.4-2　(仮称)灘・日出町団地N地区(民開)

主な特徴　柱・梁・床・バルコニーをプレキャスト化し，RC自動化建設システムの導入により，1層の施工サイクルを5日で行い，高層住宅の工期を大幅に短縮することに成功しています．

写真・パース

建築場所	兵庫県神戸市
建物用途	共同住宅
建物規模	地下1階・地上33階　塔屋4階
軒高さ	114.25 m
建築面積	3 034.10 m²
延床面積	39 986.19 m²
プレキャスト採用部位	PC：床版　RC：柱・大梁・小梁
建築主	都市基盤整備公団
設計者	都市基盤整備公団・(株)大林組
施工者	大林・ナカノJV
専業者	(株)ピー・エス
参考	

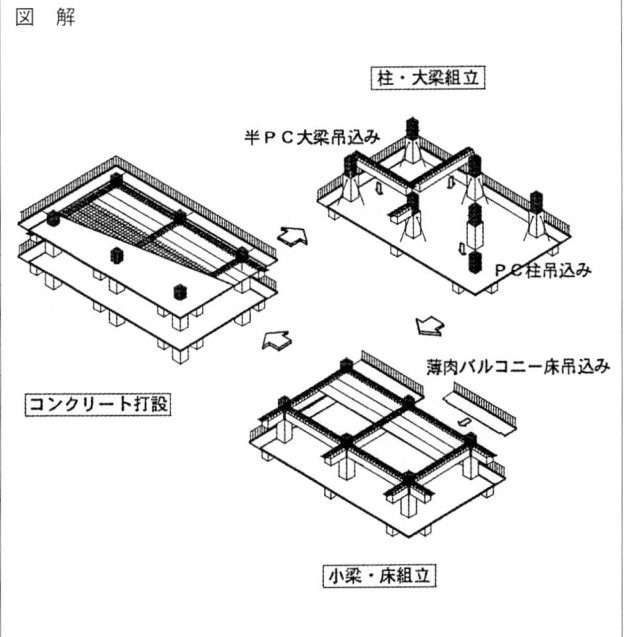

図解

- コンクリート打設
- 柱・大梁組立
- 半PC大梁吊込み
- PC柱吊込み
- 薄肉バルコニー床吊込み
- 小梁・床組立

4. 共同住宅

No.4-3　都営住宅北青山一丁目計画

主な特徴	PCa・PC造の採用により，柱・梁の断面寸法を小さくすることが可能となり，柱は2層1ピースのPCa部材，特に梁は全階梁せい650 mmで統一し，建物の軽量化と階高を低く抑えることを可能としています．

写真・パース

建築場所	東京都港区
建物用途	集合住宅
建物規模	地下1階・地上10階
軒高さ	28.3 m
建築面積	8 793.46 m^2
延床面積	64 271.40 m^2
プレキャスト採用部位	PC：柱・大梁・床版　　バルコニー版 RC：
建築主	東京都
設計者	(株)東部住宅建築事務所・(株)久米設計
施工者	淺沼組・日産・南海辰村JV 松村・松井・徳倉JV 間・松村・佐伯・小松JV 松井・砂原JV
専業者	黒沢建設(株)・住友建設(株)
参考	「建築の技術施工」1996年4月[38]

図解

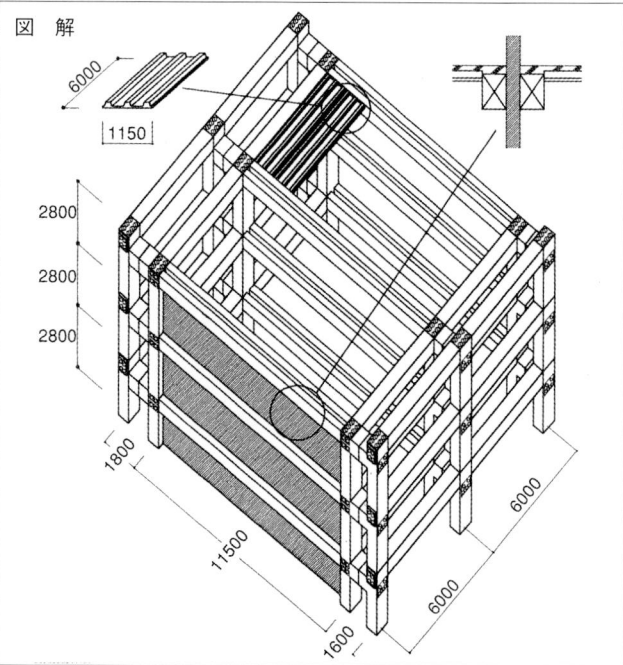

5. 学 校

No.5-1　埼玉県立看護福祉大学

主な特徴	柱の形状を23 cm×63 cm・スパン梁は桁梁付床版（スパン10.4 m）とし，なお地震力は階段室コア部にて負担させています．

写真・パース

建築場所	埼玉県越谷市
建物用途	学校
建物規模	地上4階
軒高さ	18.23m
建築面積	34 000m²
延床面積	54 000m²
プレキャスト採用部位	PC：柱・梁・床版 RC：
建築主	埼玉県
設計者	（株）山本理顕設計工房
施工者	大林・日本国土JV
専業者	フドウ建研(株)
参考	「プレストレストコンクリート」Vol.41, No.4[26]

PCa形状寸法

PCa柱　　　PCa桁梁付床版

図解

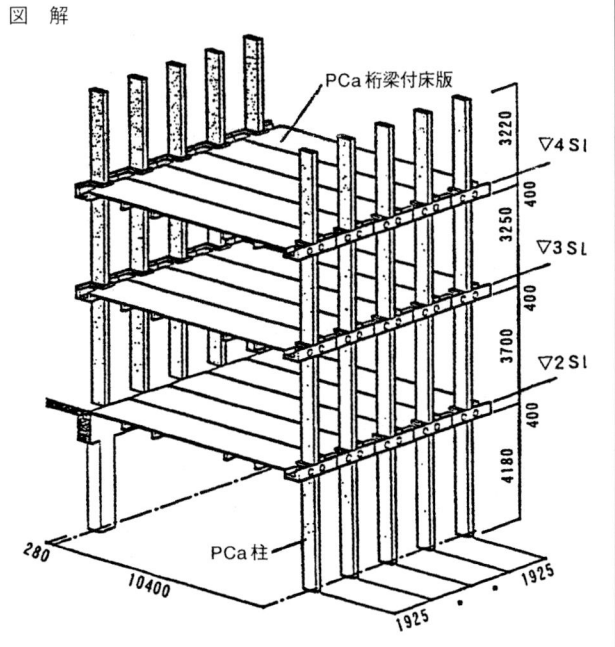

No.5-2　大阪成蹊学園南館

主な特徴	校舎の屋根部分にシングルティー版(ST版)を用い支保工型枠をなくすことにより工期の短縮を図っています．

写真・パース

建築場所	大阪府大阪市
建物用途	学校
建物規模	地上5階
軒高さ	26.60 m
建築面積	1 626.27 m^2
延床面積	4 371.61 m^2
プレキャスト採用部位	PC：屋根版 RC：
建築主	大阪成蹊学園
設計者	(株)小西設計
施工者	大日本土木(株)
専業者	ピーシー橋梁(株)
参考	

図　解

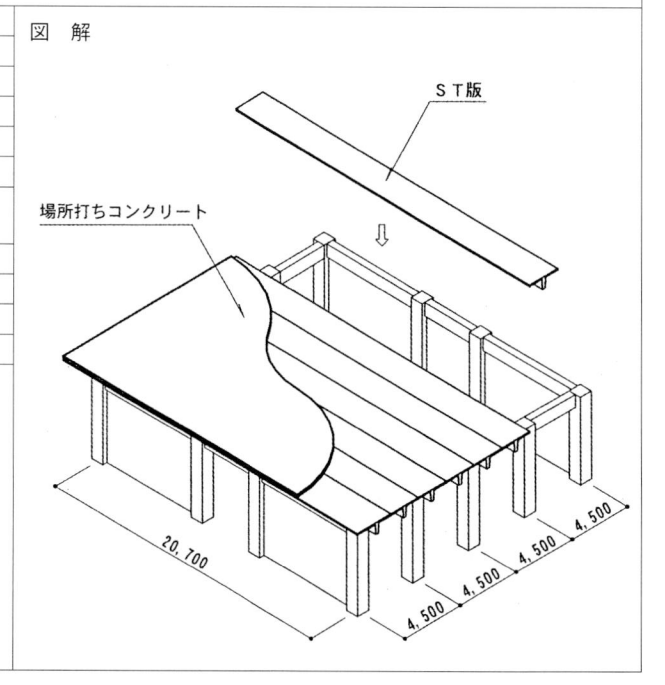

No.5-3　川西小学校

主な特徴　渡り廊下をプレキャスト化したもので，PC桁の採用により断面寸法を小さくし，有効階高を大きく確保しています．また，取り付けられているカーテンウォールは変形に追従するよう最上部のみで固定されています．

写真・パース

建築場所	兵庫県川西市
建物用途	学校
建物規模	地上3階・塔屋2階
軒高さ	17.86m
建築面積	935.469 m^2
延床面積	1 949.90 m^2
プレキャスト採用部位	PC：渡り廊下桁 RC：
建築主	川西市
設計者	(株)宮本工務設計事務所
施工者	(株)淺沼組
専業者	ピーシー橋梁(株)
参考	

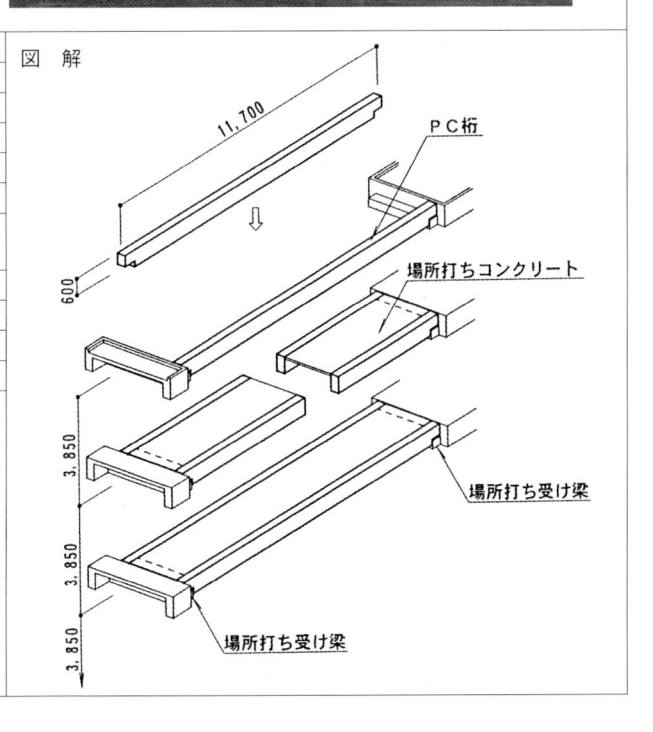

図解

5. 学校

6. 体育館

No.6-1　大阪市中央体育館

主な特徴	公園地下となる直径110mのメインアリーナの屋根をプレキャスト梁・床版と現場打コンクリートの合成構造とし，外周のテンションリングには20 000tのプレストレス力を導入し大荷重を支持しています．(FIP最優秀賞受賞，1章1-1①参照)

写真・パース

建築場所	大阪府大阪市
建物用途	体育館
建物規模	地下3階
軒高さ	26.60 m
建築面積	442.00 m²
延床面積	38 425.00 m²
プレキャスト採用部位	PC：床版・円周方向の梁 　　　段床版 RC：
建築主	大阪市教育委員会事務局
設計者	大阪市都市整備局営繕部・(株)日建設計
施工者	大林・西松・淺沼JV
専業者	(株)ピー・エス

参考
「プレストレストコンクリート」Vol.36, No.4[10]
「プレストレストコンクリート」Vol.38, No.4[11]
「GBRC」1994年1月[57]
「コンクリート工学」1996年5月, Vol.34, No.5[37]

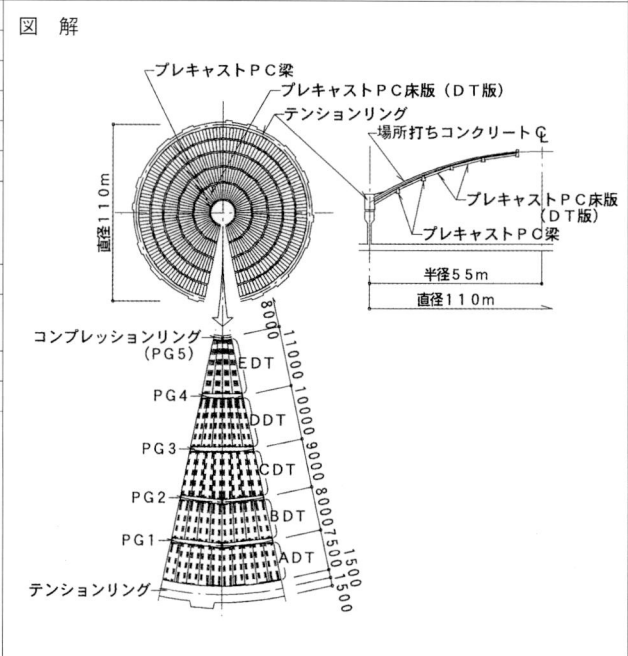

図解

No.6-2　和泉市立コミュニティーセンター体育館

主な特徴　スパン50mのアリーナ部の屋根に分割したPCa版を採用し，円周方向に緊張することによりドーム屋根を構成しています．

写真・パース

建築場所	大阪府和泉市
建物用途	体育館
建物規模	地上2階
軒高さ	19.95m
建築面積	2 647.00 m^2
延床面積	2 934.00 m^2
プレキャスト採用部位	PC：ドーム屋根 RC：
建築主	和泉市
設計者	(株)梓設計
施工者	村本建設(株)
専業者	フドウ建研(株)
参考	「プレストレストコンクリート」Vol.32, No.3[25]

図解

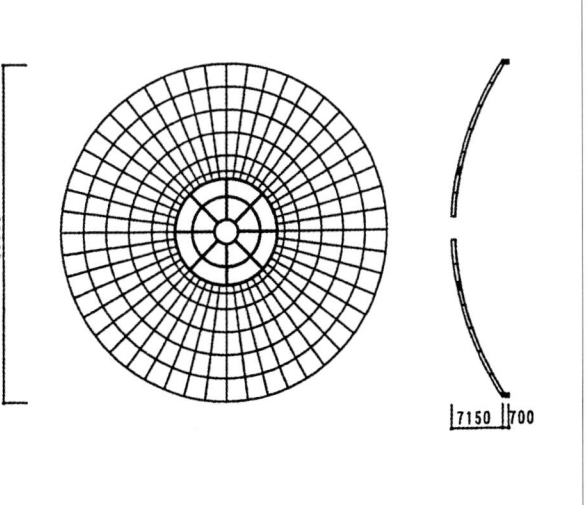

6. 体育館

7. プール

No.7-1　八幡屋プール

| 主な特徴 | 温水プールの耐塩素ガス・耐湿の条件を満足させるため，膜屋根を支えるフレームにPCのPCa工法を採用し，優美な大空間を構成しています。(FIP最優秀賞受賞，1章1-1 ②参照) |

写真・パース

建築場所	大阪府大阪市
建物用途	プール
建物規模	地下2階・地上2階
軒高さ	20.25 m
建築面積	7 778.00 m²
延床面積	24 922.00 m²
プレキャスト採用部位	PC：柱・梁フレーム・段梁　段床版 RC：
建築主	大阪市
設計者	大阪市都市整備局営繕部 (株)東畑建築事務所
施工者	フジタ・鴻池・藤木JV
専業者	フドウ建研(株)
参考	「プレストレストコンクリート」Vol.38, No.4[12]

図解

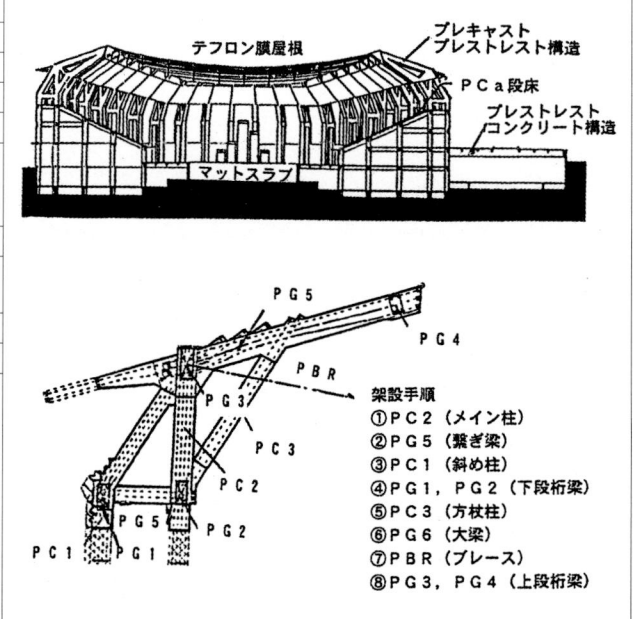

テフロン膜屋根／プレキャストプレストレスト構造／PCa段床／プレストレストコンクリート構造／マットスラブ

架設手順
① PC2（メイン柱）
② PG5（繋ぎ梁）
③ PC1（斜め柱）
④ PG1, PG2（下段桁梁）
⑤ PC3（方杖柱）
⑥ PG6（大梁）
⑦ PBR（ブレース）
⑧ PG3, PG4（上段桁梁）

No.7-2　絹の里，友ゆうプール

主な特徴　プール施設の観覧席をすべてPCa化することにより，現場での作業を省力化し，工期短縮を図っています．

写真・パース

建築場所	福島県伊達郡川俣町
建物用途	プール施設
建物規模	地上1階
軒高さ	4.4m
建築面積	688 m²
延床面積	688 m²
プレキャスト採用部位	PC：柱・大梁・床版 RC：
建築主	川俣町
設計者	(株)田畑建築設計事務所
施工者	(株)遠藤工務所
専業者	オリエンタル建設(株)
参考	

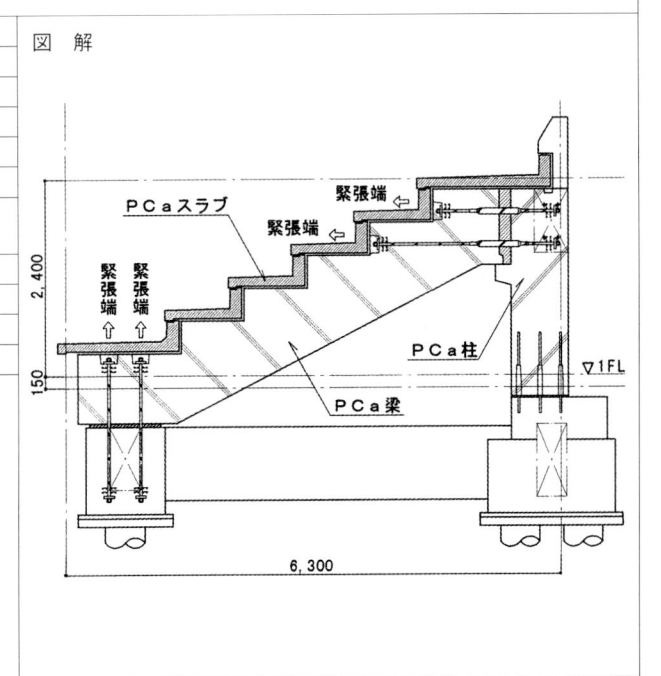

図解

（PCaスラブ，緊張端，PCa柱，PCa梁，2,400，150，6,300，▽1FL）

7. プール

No.7-3 朝日きれい館

主な特徴	25m温水プールの屋根を直径28.3mライズ4.95mのPCドームで覆っています．ドームは40分割されたシングルT型のプレキャスト版により構成されています．また，ドームの裾には円周方向にプレストレスが導入されて，裾部の締付けを行っています．

写真・パース

建築場所	新潟県岩船郡朝日村
建物用途	温泉施設
建物規模	地上2階・地下1階
軒高さ	10.4m
建築面積	2 164.97m²
延床面積	2 577.95m²
プレキャスト採用部位	PC：ドーム屋根 RC：
建築主	新潟県朝日村
設計者	(株)スパプランニング
施工者	鹿島・横井特定JV
専業者	(株)三京・(株)ピー・エス
参考	

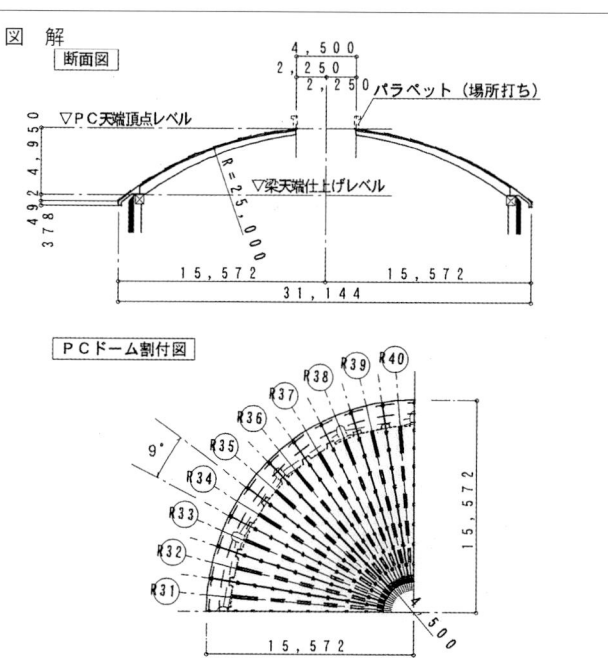

図解

断面図

PCドーム割付図

54　5章　こんな事例があります

8. 競技場

No.8-1　横浜国際総合競技場

主な特徴	本建物は，周長850 m，84スパンを有し，エキスパンションジョイントのない一体な多連続PCラーメン構造を採用しています．下部構造はPC圧着工法としています．(平成10年度神奈川建築コンクール一般建築部門最優秀賞受賞，平成10年度横浜市優秀設計事務所賞受賞，1999年日本建築学会業績部門学会賞受賞，第40回建設業協会賞特別賞受賞，1章1-1③参照)

写真・パース

建築場所	神奈川県横浜市港北区
建物用途	人工地盤型多目的陸上競技場
建物規模	地上7階
軒高さ	43.86 m
建築面積	67 050.00 m²
延床面積	171 024.00 m²
プレキャスト採用部位	PC：柱・梁・床版・段床版 RC：
建築主	横浜市
設計者	松田平田・東畑建築事務所JV
施工者	竹中・奈良建設JV 銭高・日本鋼管工事建設JV 日本国土・渡辺建設JV 佐藤・三木建設JV 三木・渡辺建設JV 竹中・駿河建設JV
専業者	黒沢建設(株)
参考	「プレストレストコンクリート」Vol.39, No.4[13] 「コンクリート工学」Vol.35, No.12[35] 「セメント・コンクリート」No.615[39] 第13回FIP大会ナショナルレポート[42] 「近代建築」1998年5月[49]

図解

No.8-2　南長野運動公園多目的競技場

主な特徴　受床部の巨大な「さくらの花弁」をPCa版にてデザインしています．1枚あたりの長さ20 m，重量30 tの複雑な形状をPC工法にて施工可能としています．(1章1-1④参照)

写真・パース

建築場所	長野県長野市
建物用途	競技場
建物規模	地上3階
軒高さ	27.40 m
建築面積	14 703 m^2
延床面積	10 632 m^2
プレキャスト採用部位	PC：梁・床版・段床版 RC：
建築主	長野市
設計者	(株)類設計室
施工者	前田・東急・北野・吉川・千広 JV
専業者	フドウ建研(株)
参考	「プレストレストコンクリート」Vol.39, No.05[14] 「日経アーキテクチュア」1997年3月10日号[45]

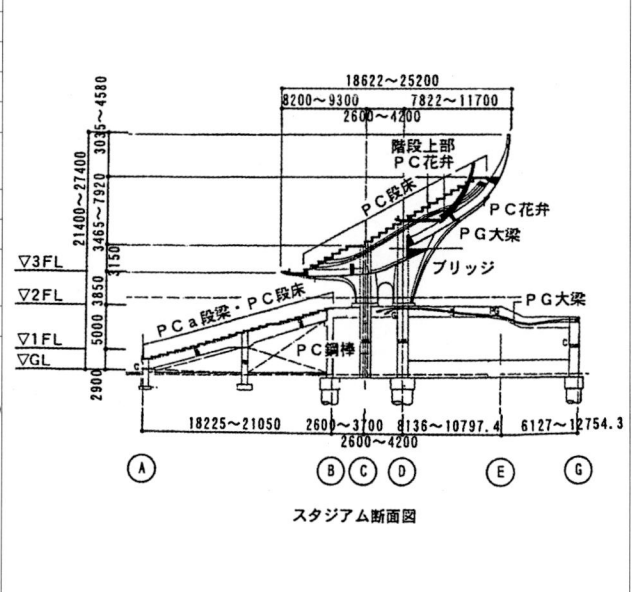

図解

スタジアム断面図

No.8-3 熊本県民総合運動公園主陸上競技場

主な特徴　段梁・段床版および二重床構造の下床版をPCa・PC造としており，3次元の曲線を有した曲線美ある美しい外観をもつ競技場となっています．

写真・パース

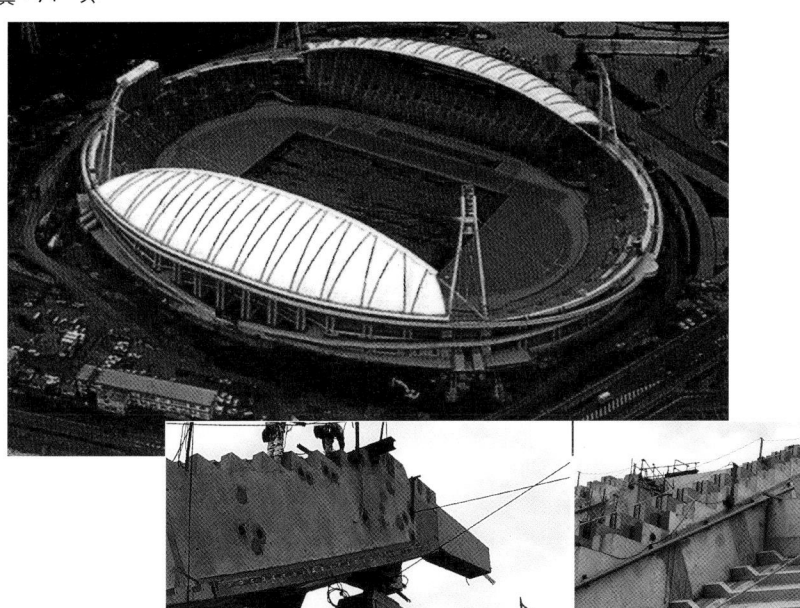

建築場所	熊本県熊本市
建物用途	陸上競技場
建物規模	地上7階・地下1階 塔屋1階
軒高さ	37.45 m
建築面積	20 241 m^2
延床面積	34 697 m^2
プレキャスト 採用部位	PC：大梁・天井版・段床版 RC：
建築主	熊本県
設計者	(株)日建設計
施工者	鹿島・日本国土・岩永JV
専業者	(株)ピー・エス
参考	

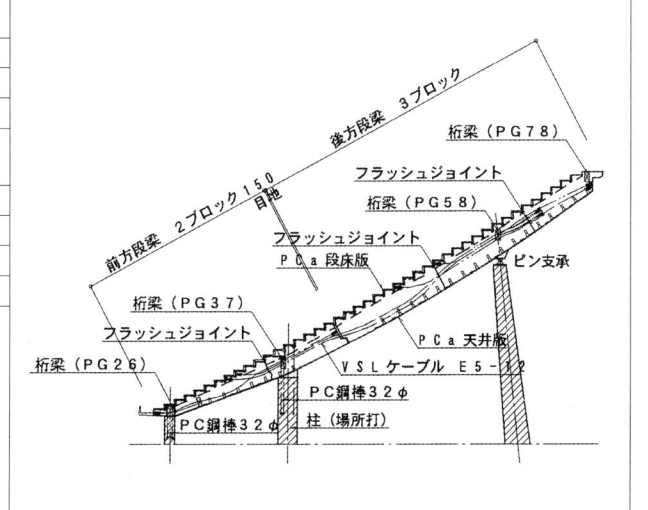

図解

後方段梁 3ブロック
桁梁（PG78）
フラッシュジョイント
前方段梁 2ブロック 150 目地
桁梁（PG58）
フラッシュジョイント
PCa 段床版
ピン支承
桁梁（PG37）
PCa 天井版
フラッシュジョイント
VSLケーブル E5-12
桁梁（PG26）
PC鋼棒32φ
PC鋼棒32φ　柱（場所打）

9. クラブハウス

No.9-1　愛和ゴルフクラブ宮崎コース・クラブ棟

主な特徴	在来工法では施工が極めて困難な2連アーチシェル屋根をPCa版を巧みに用いて構築しています．

写真・パース

建築場所	宮崎県
建物用途	クラブハウス
建物規模	地下1階・地上2階
軒高さ	13.0 m
建築面積	2 990.00 m^2
延床面積	6 685.50 m^2
プレキャスト採用部位	PC：アーチ屋根 RC：
建築主	愛和ゴルフクラブ
設計者	黒川紀章建築都市設計・造形設計
施工者	清水建設(株)
専業者	フドウ建研(株)
参考	「プレストレストコンクリート」Vol.33, No.4[24]

図解

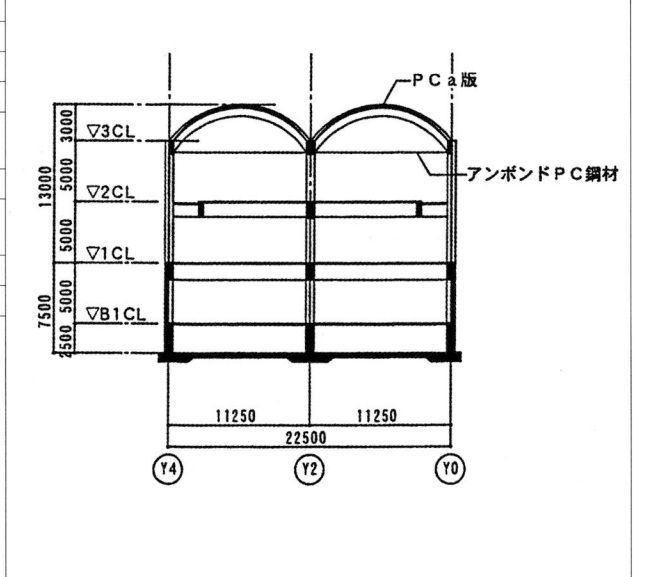

No.9-2　エムズゴルフクラブクラブハウス

主な特徴　円周方向の半円形フレームに陸屋根と勾配屋根が取り付く複雑な骨組みを全てPCa化し，精度・品質・施工性の向上を図り，ゴルフのもつ開放感と爽快さをPCaフレームに求めています．(1章1-1⑧参照)

写真・パース

建築場所	北海道空知郡
建物用途	クラブハウス
建物規模	地下1階・地上1階
軒高さ	10.65 m
建築面積	2 067 m^2
延床面積	4 897 m^2
プレキャスト採用部位	PC：梁・床版・屋根版 RC：柱・外壁
建築主	(株)サンランド
設計者	(株)久米設計
施工者	三井建設・三井不動産建設JV
専業者	オリエンタル建設(株)
参考	「プレストレストコンクリート」Vol.34, No.3[21]

図解

伏図

軸組図

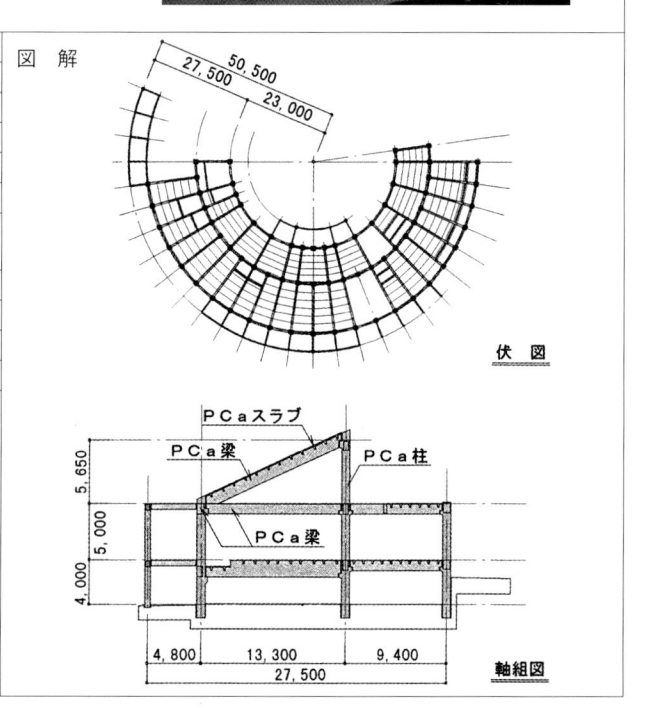

10. マーケット

No.10-1　ダイエー岡崎店

主な特徴　柱には3層1節のPCa柱（プレテンション）を採用しています．柱と大梁の接合は，PC鋼棒による圧着接合（ホッチキス方式）としています．このようにして11m×11mグリッドの大空間を可能とし，梁中央部の空間をダクト等配管に利用しています．

写真・パース

建築場所	愛知県岡崎市
建物用途	ショッピングセンター
建物規模	地上3階
軒高さ	14.48m
建築面積	18 193.00 m^2
延床面積	47 344.00 m^2
プレキャスト採用部位	PC：柱・大梁 RC：
建築主	（株）ダイエー
設計者	大成建設（株）
施工者	大成建設（株）
専業者	黒沢建設（株）
参考	

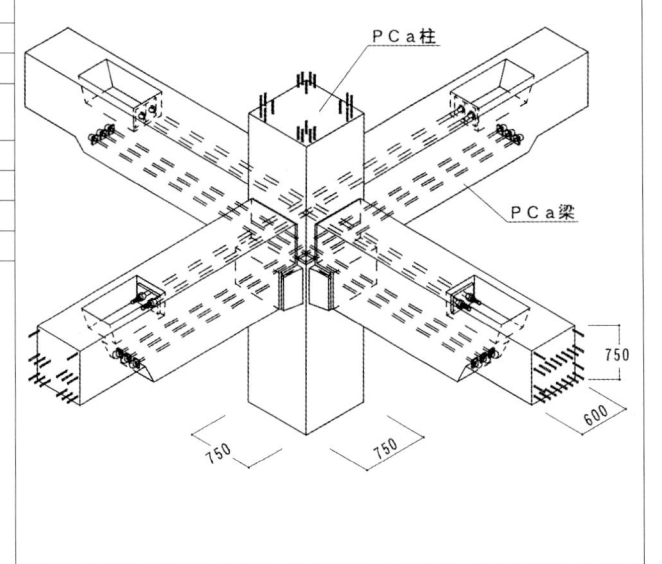

図解

11. 展示場

No.11-1　瀬戸大橋架橋記念館

主な特徴	スパン46.2 mを3つに分割したプレキャストPC梁をブロック工法にて樽を輪切りにした形で施工しています．スパン46.2 m×桁梁31.5 mの大空間を実現しています．

写真・パース

建築場所	岡山県倉敷市
建物用途	記念館
建物規模	地上3階
軒高さ	15.64 m
建築面積	1 677.00 m²
延床面積	3 318.00 m²
プレキャスト採用部位	PC：アーチ梁 RC：小梁
建築主	倉敷市
設計者	(株)東畑建築事務所
施工者	(株)フジタ
専業者	フドウ建研(株)
参考	

図解

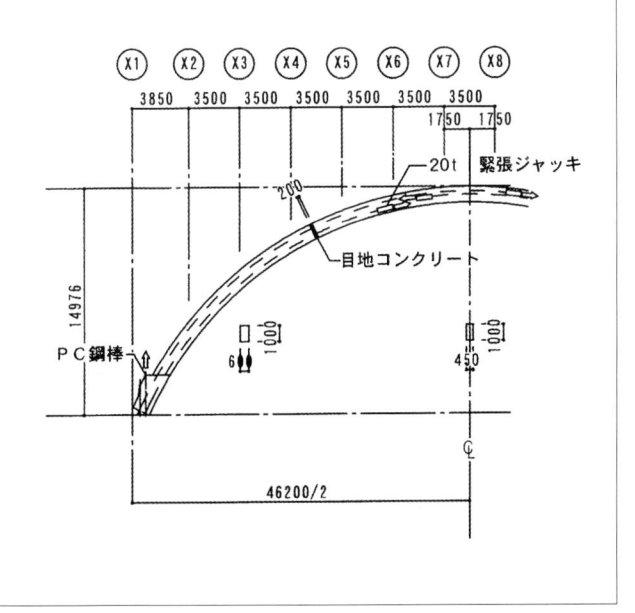

No.11-2　名古屋港水族館オーシャンシアター

主な特徴	球形のシアター下部にPCa部材(20枚)を採用し，高軸力に抵抗させ，かつ，曲面形状の精度を向上させています．

写真・パース

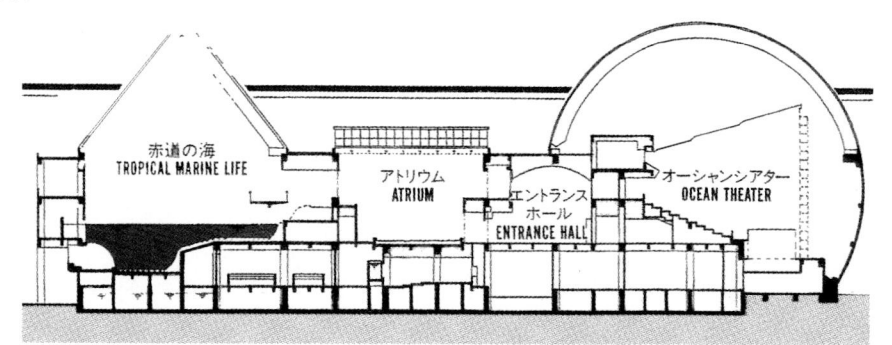

建築場所	愛知県名古屋市
建物用途	水族館
建物規模	地上3階・塔屋2階
軒高さ	30.3 m
建築面積	7 162 m²
延床面積	17 743 m²
プレキャスト採用部位	PC：球形シアター下部球面版 RC：
建築主	名古屋港管理組合
設計者	(株)大建設計
施工者	鹿島・大成・五洋・名工JV
専業者	オリエンタル建設(株)
参考	

図解

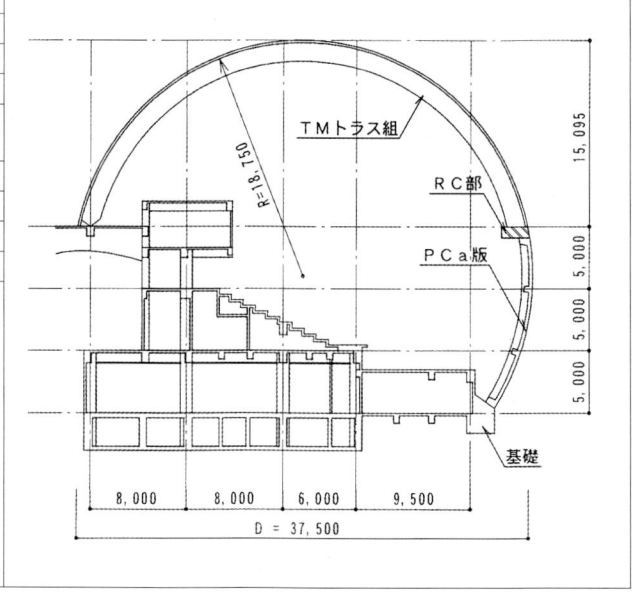

No.11-3　愛媛県美術館

主な特徴	展示室を，壁，床，屋根をすべてPCa・PC部材の圧着工法による箱体として形成し，3本の独立柱により支え，「浮いた展示室」を実現させています．

写真・パース

建築場所	愛媛県松山市
建物用途	美術館
建物規模	地上3階・地下1階
軒高さ	18.50 m
建築面積	3 519.24 m^2
延床面積	10 920.90 m^2
プレキャスト採用部位	PC：壁版・床版・屋根版　渡り廊下床版 RC：軒天版
建築主	愛媛県
設計者	愛媛県土木部都市局建築住宅課 (株)日建設計
施工者	大成・野間JV
専業者	(株)ピー・エス
参考	「建築技術」1999年4月, No.590[44)] 「新建築」1999年2月, Vol.74, No.2[47)] 「近代建築」1999年2月, Vol.53, No.2[48)]

図解

図中ラベル：PCa壁ブロック，梁型部，場所打ちコンクリート，PCa屋根版，目地コンクリート，外側壁，PCaコーナーブロック，内側壁，PCaコーナーカーテンウォール，現場打ちSRC梁，PCa軒天版，PCa床版，場所打ちコンクリート，発砲ウレタン，PC鋼材で圧着，PCa渡り廊下床版，PCa軒天版，PCa渡り廊下版，PCa壁ブロック

11．展示場

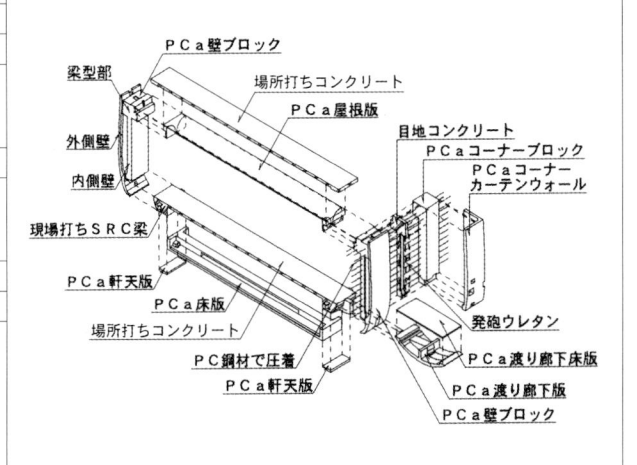

No.11-4　宇治市源氏物語ミュージアム

主な特徴	長さ14.4m幅1.8mライズ1.3mの3次元の曲線を有するプレキャストの屋根版を圧着工法で接続し，それを6ヵ所の柱で支えることにより，曲線美ある優雅な展示室を構成しています。

写真・パース

建築場所	京都府宇治市
建物用途	博物館
建物規模	地上1階・地下1階
軒高さ	11.72 m
建築面積	2 274.00 m²
延床面積	2 852.40 m²
プレキャスト採用部位	PC：屋根版 RC：
建築主	宇治市
設計者	(株)日建設計
施工者	住友・大春JV
専業者	(株)ピー・エス
参考	「ディテール」1999年1月, No.139[50)]

図解

PCケーブル
1,800　10,800　1,800
14,400
450　1,300
300

アンボンドケーブル　21.8φ
330
中央断面図

No.11-5 山陰・夢みなと博覧会シンボル施設

主な特徴	本建物は球体の一部の形状をもつ屋根を高さ方向に3層セットバックした形で配置しています．その屋根版は約8m×2.5mのタイル打ち込みのPCa版とし，各々を横締めケーブルによって一体化した構造としています．

写真・パース

建築場所	鳥取県境港市
建物用途	貿易センター
建物規模	地下1階・地上4階
軒高さ	42.10 m
建築面積	4 127.00 m²
延床面積	9 042.00 m²
プレキャスト採用部位	PC ：屋根版 RC ：
建築主	鳥取県，(株)さかいみなと貿易センター
設計者 構造設計	(株)計画・環境建築 斉藤公男，(株)構造空間設計室
施工者	竹中・茅野組・オーク建設JV
専業者	黒沢建設(株)
参　考	「プレストレストコンクリート」Vol.40, No.4[17]

図　解

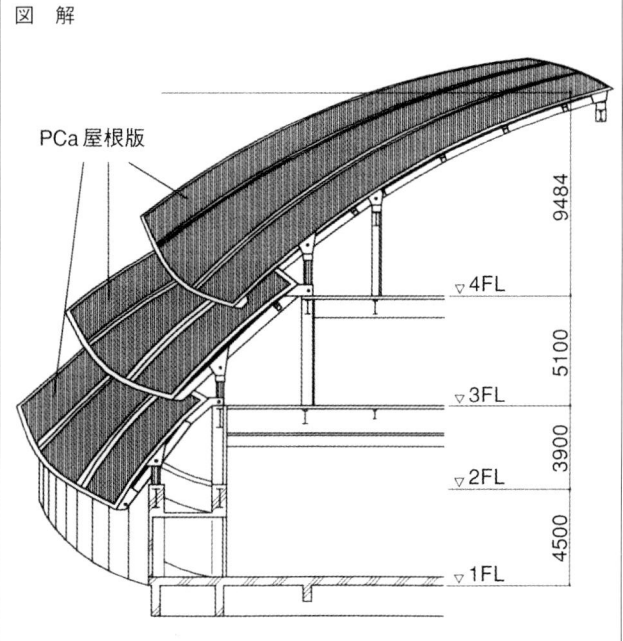

12. 倉庫

No.12-1 （株）住友倉庫大阪港支店南港R倉庫

主な特徴	海沿いに建つ高さ30.9 m，長さ121 m，幅60 mの大型倉庫の柱・梁・床・バルコニーをプレキャスト化し，PC構造の圧着工法を採用することで工期の短縮を図っています．

写真・パース

建築場所	大阪府大阪市
建物用途	倉庫
建物規模	地上6階・塔屋1階
軒高さ	30.036 m
建築面積	9 874.22 m²
延床面積	42 878.09 m²
プレキャスト採用部位	PC：柱・大梁・小梁・床版　バルコニー版 RC：
建築主	（株）住友倉庫
設計者	（株）日建設計
施工者	鹿島・清水・住友JV
専業者	ピーエス・黒沢建設JV
参考	工期短縮：場所打ち方式では12ヶ月位はかかる所を，本工法では6ヶ月で躯体工事を完了した（基礎工事を除く）．

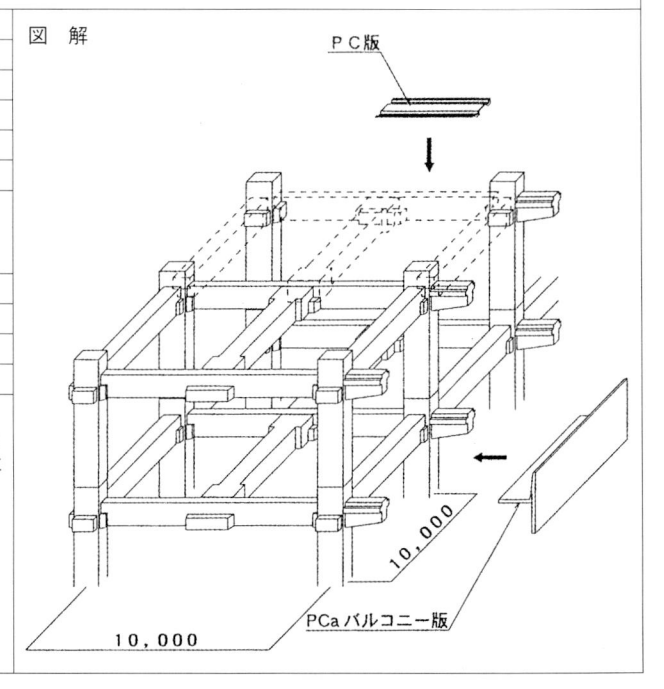

図解

No.12-2 第一倉庫冷蔵(株)岩槻第2冷蔵倉庫

主な特徴	屋根面には地震時の床剛性を確保するため,PCa部材の水平ブレースを使用しています.建築主側からの要求の地上躯体工期2ヵ月での施工を可能にしました.

写真・パース

図解

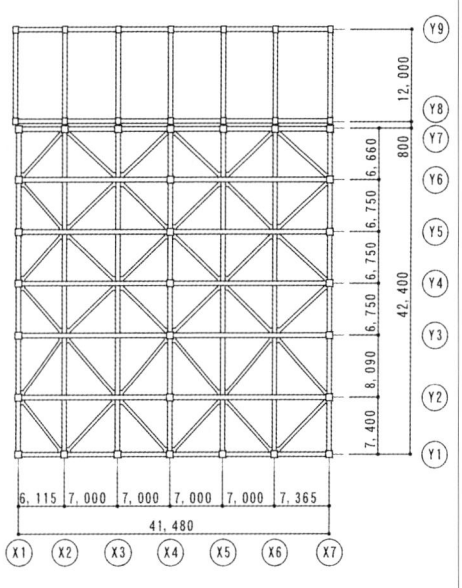

建築場所	埼玉県
建物用途	冷蔵倉庫
建物規模	地上5階
軒高さ	30.80 m
建築面積	2 999.00 m^2
延床面積	9 016.00 m^2
プレキャスト採用部位	PC：柱・大梁・小梁・床版　屋根水平ブレース RC：
建築主	第一倉庫冷蔵(株)
設計者	(株)創元設計
施工者	安藤建設(株)
専業者	黒沢建設(株)
参考	「プレストレストコンクリート」Vol.40, No.1[18]

12.倉庫　67

No.12-3　六甲アイランド7号上屋

主な特徴　重量物倉庫となる2階床まで（基礎・基礎梁は除く）をPCa組立工法，屋根をS造とし，現場労務の簡略化・工期短縮を図っています．

写真・パース

建築場所	兵庫県神戸市
建物用途	倉庫
建物規模	地上2階
軒高さ	14.35 m
建築面積	2 800 m²
延床面積	5 600 m²
プレキャスト採用部位	PC：梁・床版 RC：柱
建築主	神戸市港湾局
設計者	（株）安井建築設計事務所
施工者	住友建設（株）
専業者	オリエンタル建設（株）

参考

重量倉庫：床荷重2.0 t/m²（床用）
兵庫県南部地震においても被害を受けなかったPC造建築物の一つ．

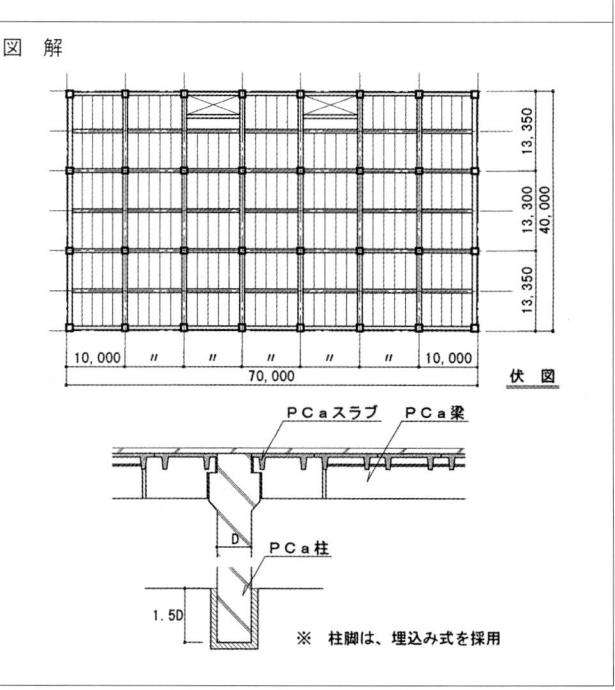

図解

※ 柱脚は、埋込み式を採用

No.12-4 東邦運輸倉庫(株)仙台港支店

主な特徴　2階床部分をPCa化し支保工をなくすことにより，1階部の仕上げ・機械の設置作業が早期着手可能となり，工期が短縮されました．

写真・パース

建築場所	宮城県仙台市
建物用途	倉庫
建物規模	地上2階
軒高さ	16.7 m
建築面積	6 325 m^2
延床面積	12 923 m^2
プレキャスト採用部位	PC：梁・床版 RC：
建築主	東邦運輸倉庫(株)
設計者	(有)波岡建築設計室
施工者	前田建設工業(株)
専業者	オリエンタル建設(株)
参考	

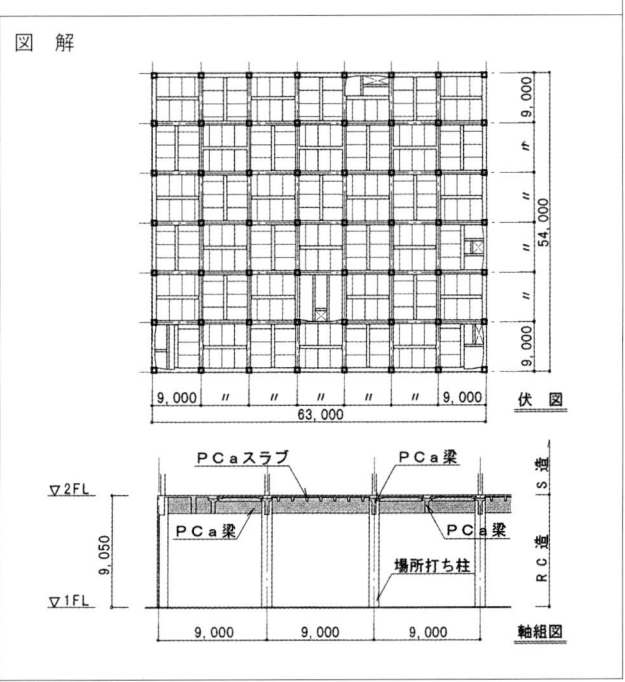

図解

伏図／軸組図　PCaスラブ，PCa梁，場所打ち柱

12. 倉庫

No.12-5　西濃運輸(株)六甲アイランドターミナル

主な特徴　現場打ちPC梁にプレキャスト小梁(スパン11.0 m)を組み合わせた建物で工期の短縮を図っています．建物の中は，重量トラックも直接走れるようになっています．

写真・パース

建築場所	兵庫県神戸市
建物用途	倉庫
建物規模	地上3階
軒高さ	20.30 m
建築面積	9 889.20 m^2
延床面積	29 029.39 m^2
プレキャスト採用部位	PC：梁 RC：小梁
建築主	西濃運輸(株)
設計者	大末建設(株)
施工者	大末建設(株)
専業者	ピーシー橋梁(株)

参考
兵庫県南部地震においても被害を受けなかったPC造建築物の一つ．

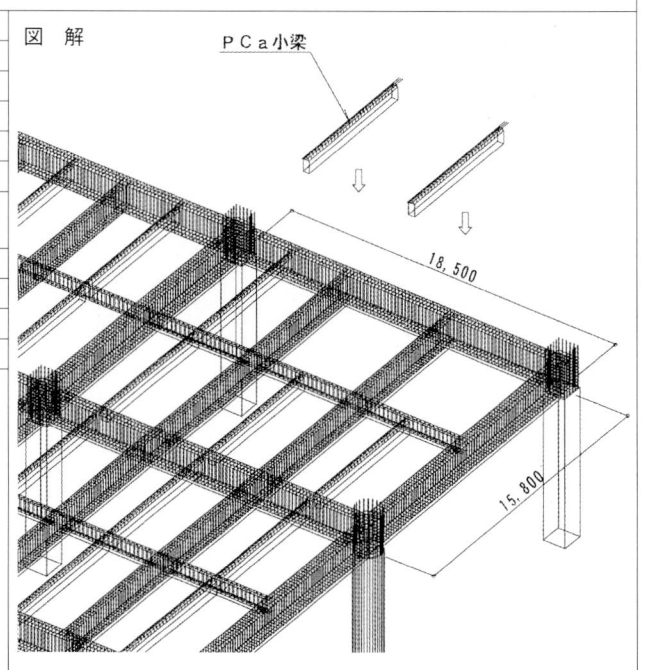

図解　PCa小梁　18,500　15,800

13. 卸売市場

No.13-1　東京都中央卸売市場葛西市場花き部施設

主な特徴	積載荷重が1t/m²以上の重荷重で，平面グリッドの均一な大規模建物をPC組立工法にて施工し，工期短縮を図っています．

写真・パース

建築場所	東京都江戸川区
建物用途	卸売市場
建物規模	地上4階
軒高さ	30.5 m
建築面積	12 937.40 m²
延床面積	35 897.50 m²
プレキャスト採用部位	PC：柱・梁・床版 RC：
建築主	東京都
設計者	東京都財務局営繕部 (株)坂川建築事務所
施工者	大成・不動・冨士工・大都・第1JV
専業者	フドウ建研(株)
参考	「プレストレストコンクリート」Vol.37, No.4[23]

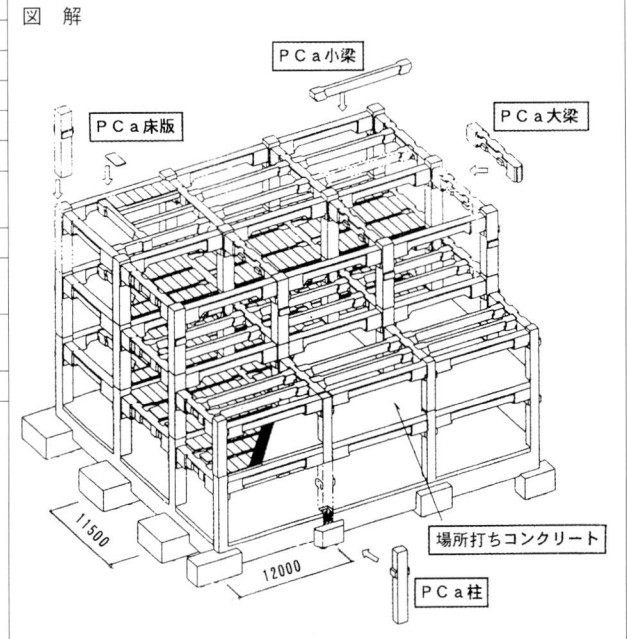

図解（PCa小梁，PCa大梁，PCa床版，PCa柱，場所打ちコンクリート，11500，12000）

No.13-2　大阪市中央卸売市場本場市場棟（第1期，第2期）

主な特徴	柱・梁・スラブ・壁を可能な限りPCa化し，現場の省力化・工期短縮を図っています．SRC造大型部材の柱・梁は，軽量化の工夫をしています．なお，PCa小梁には，数個の大開口をもつPCとしています．

写真・パース

建築場所	大阪府大阪市
建物用途	卸売市場
建物規模	地上5階・塔屋1階
軒高さ	24.0 m
建築面積	第1期：18 305 m² 第2期：23 842 m²
延床面積	第1期：60 700 m² 第2期：68 250 m²
プレキャスト採用部位	PC　：小梁・床版 SRC：柱・大梁
建築主	大阪市都市整備局
設計者	安井・大建・新日本JV
施工者	第1期：大成・東急・青木JV 第2期：鹿島・フジタ・大末JV
専業者	第1期：フドウ建研(株) 第2期：オリエンタル建設(株)
参考	

図解

柱・大梁：PCaSRC造
スラブ・小梁：PCaPC造

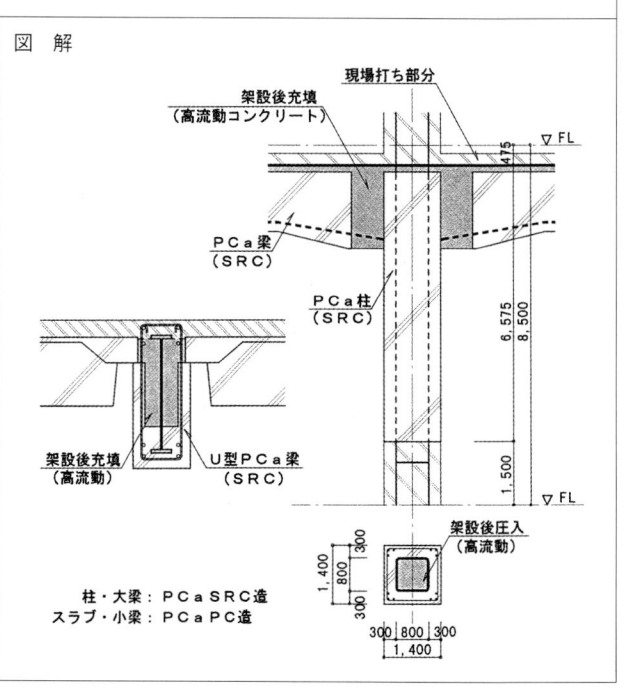

No.13-3　新相浦市場市場棟

主な特徴	海に隣接していること，19.0m×19.0mの大グリッドであることより，大梁・小梁をPCa梁とし，型枠支保工の省略，現場労務の簡略，高品質の確保および大幅な工期短縮を図っています．

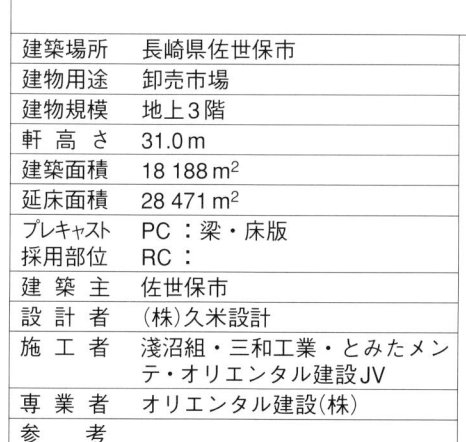

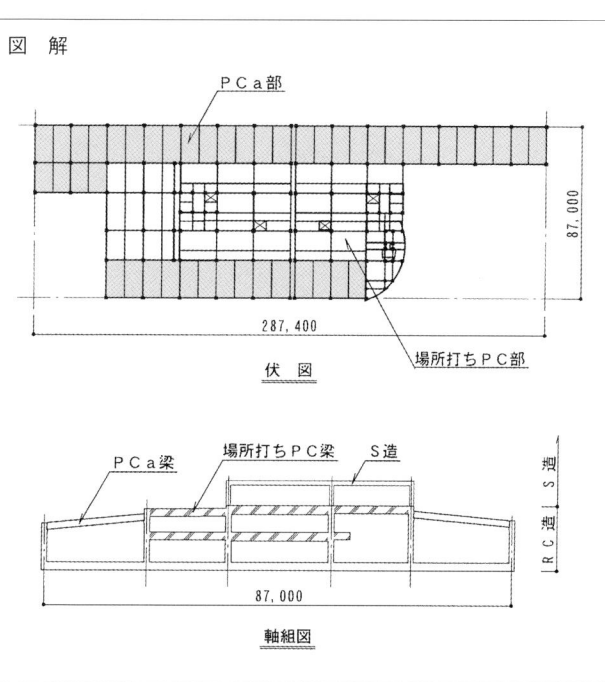

写真・パース

建築場所	長崎県佐世保市
建物用途	卸売市場
建物規模	地上3階
軒高さ	31.0m
建築面積	18 188 m²
延床面積	28 471 m²
プレキャスト採用部位	PC：梁・床版 RC：
建築主	佐世保市
設計者	(株)久米設計
施工者	淺沼組・三和工業・とみたメンテ・オリエンタル建設JV
専業者	オリエンタル建設(株)
参考	

図解

伏図　PCa部　場所打ちPC部　287,400　87,000

軸組図　PCa梁　場所打ちPC梁　S造　RC造／S造　87,000

13. 卸売市場

14. 工　場

No.14-1　（株）東北東海

主な特徴	2階床部分をPCa化し支保工をなくすことにより，1階部の仕上げ・機械の設置作業の早期着手が可能となり，工期が短縮されています．

写真・パース

建築場所	福島県二本松市
建物用途	部品工場
建物規模	地上2階
軒高さ	12.21 m
建築面積	5 932 m²
延床面積	11 592 m²
プレキャスト採用部位	PC：梁・床版 RC：梁
建築主	（株）東北東海
設計者	（株）田畑建築設計事務所
施工者	大丸・菅野・古俣JV
専業者	オリエンタル建設（株）
参考	

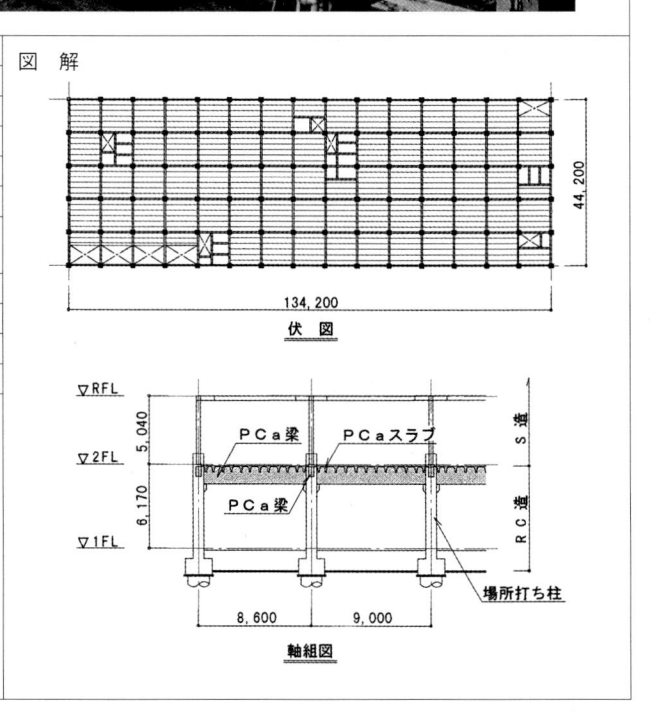

図解

伏図

軸組図

No.14-2 （株）大安京つけもの工房

主な特徴　漬物工場は塩・水を使用する作業が多く塩害によるコンクリートの劣化を防ぐため，コンクリートの密実性に富むPCaを採用しています．また，京都の寺院建築をイメージし，PCa部材の至るところで在来工法では難しい曲面のディテールを採用しています．

写真・パース

建築場所	京都市伏見区
建物用途	漬物工場
建物規模	地上3階
軒高さ	14.70 m
建築面積	7 922.00 m²
延床面積	10 895.00 m²
プレキャスト採用部位	PC：柱・大梁・床版 RC：
建築主	（株）大安
設計者	（株）吉村建築事務所
施工者	熊谷・太田建工JV
専業者	黒沢建設（株）
参考	

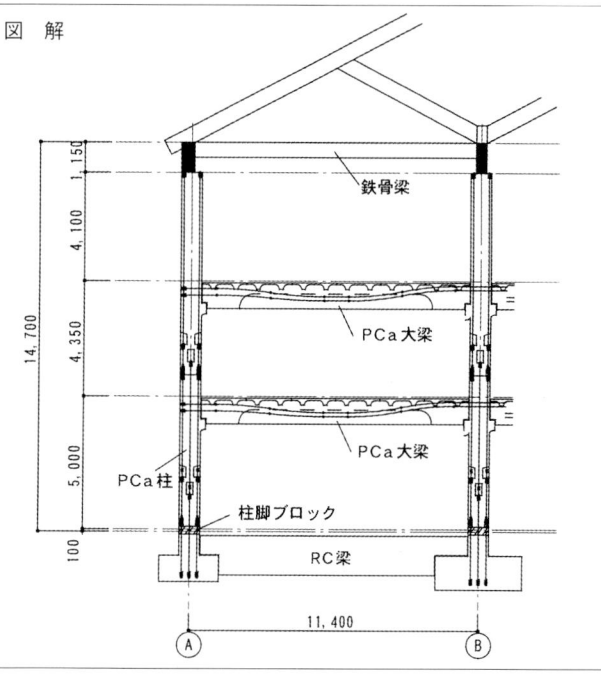

図解

14. 工場　75

15. 駐車場

No.15-1　灘・日出町団地立体駐車場

主な特徴	梁成をおさえ，階高を低くするためにPCa部材を採用しています．地震力はPCブレースにて負担させています．

写真・パース

建築場所	兵庫県神戸市灘区
建物用途	駐車場
建物規模	地上6階
軒高さ	19.938 m
建築面積	5 446.84 m²
延床面積	29 233.48 m²
プレキャスト採用部位	PC：柱・梁・ブレース・床版 RC：
建築主	都市基盤整備公団
設計者	(株)市浦都市開発建築コンサルタンツ
施工者	K₁棟：清水建設(株) K₂〜K₄棟：不動建設(株)
専業者	(株)神戸製鋼所，フドウ建研(株)
参考	

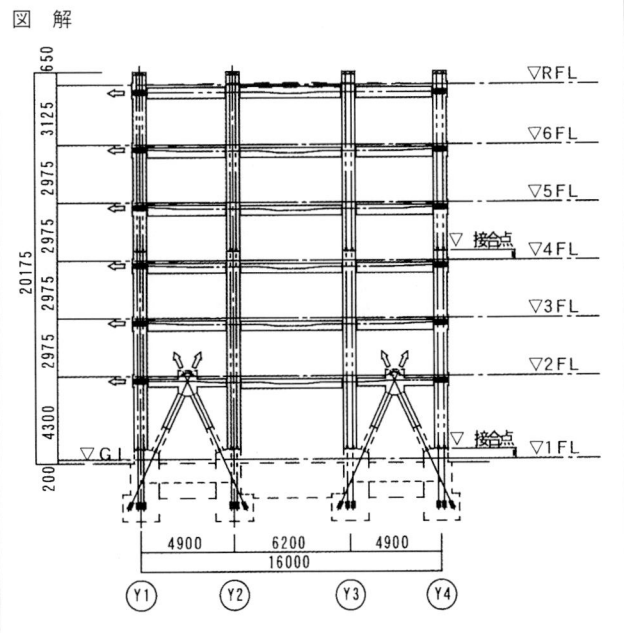

図解

No.15-2　千葉センシティパークプラザ駐車場

主な特徴　シリンダー壁は場所打ちRC造（スリップフォーム）とし，ランプ床にPCa・PC部材を採用して圧着し，ランプウェイを形成しています．

写真・パース

建築場所	千葉市
建物用途	車路
建物規模	地下2階・地上17階
軒高さ	70.8 m
建築面積	7 171.00 m^2
延床面積	86 323.00 m^2
プレキャスト採用部位	PC：ランプ床版・駐車場床版 RC：
建築主	千葉新町第二地区
設計者	㈱タカハ都市科学研究所
施工者	大成・鹿島・奥村・不動・旭建設JV
専業者	フドウ建研㈱
参考	

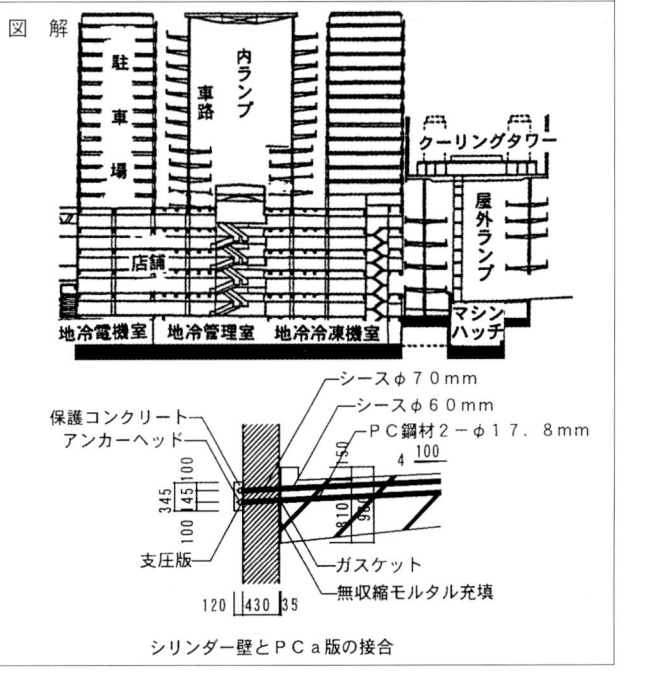

図解

シリンダー壁とPCa版の接合

15. 駐車場

No.15-3 香川県玉藻町駐車場

主な特徴	既存のフェリーターミナルを営業(24時間)しながら施工するという条件の下，PCa組立工法の採用と繁忙期・閉散期を考慮した工程管理により，早期部分供用と工期短縮を可能にしました．

写真・パース

建築場所	香川県高松市
建物用途	駐車場
建物規模	地上3階
軒高さ	16.7 m
建築面積	6 050 m²
延床面積	17 023 m²
プレキャスト採用部位	PC：柱・梁・床版 RC：
建築主	香川県
設計者	(株)石本建築事務所
施工者	戸田・前田JV
専業者	オリエンタル建設(株)
参考	「PARKING PRESS」1997年 52)

図解

伏図

軸組図

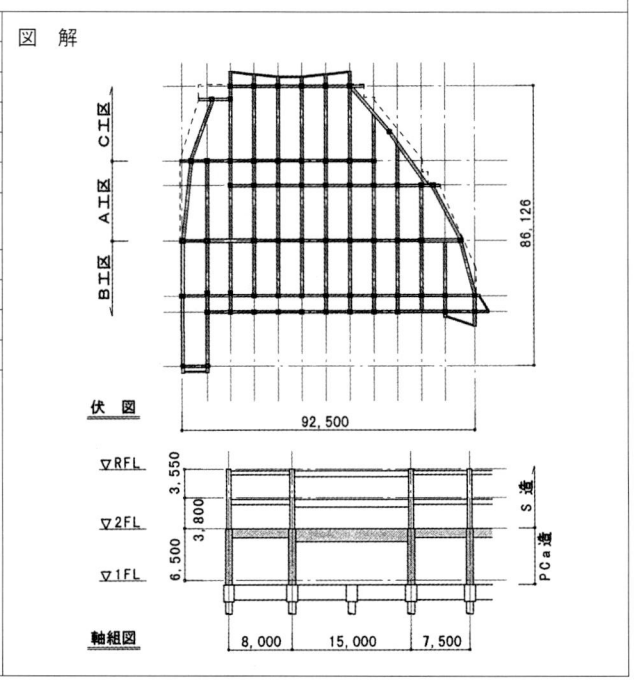

16. 処理場

No.16-1 猪名川流域下水道原田処理場第3系列水処理施設

主な特徴	沈殿池を覆う22.5 m×22.5 mの大空間を構成するため，四方の柱へ力が分散するようPCa・PC造の格子梁を採用しています．22.5 mの格子梁を5ブロックに分割して圧着接合としています．

写真・パース

建築場所	兵庫県伊丹市
建物用途	処理場
建物規模	地上1階・地下2階
軒高さ	8.4 m
建築面積	2 160 m^2
延床面積	2 160 m^2
プレキャスト採用部位	PC：大梁(格子梁)・床版 RC：
建築主	大阪府・兵庫県 （発注　豊中市）
設計者	(株)日水コン
施工者	(株)大林組
専業者	(株)ピー・エス
参考	

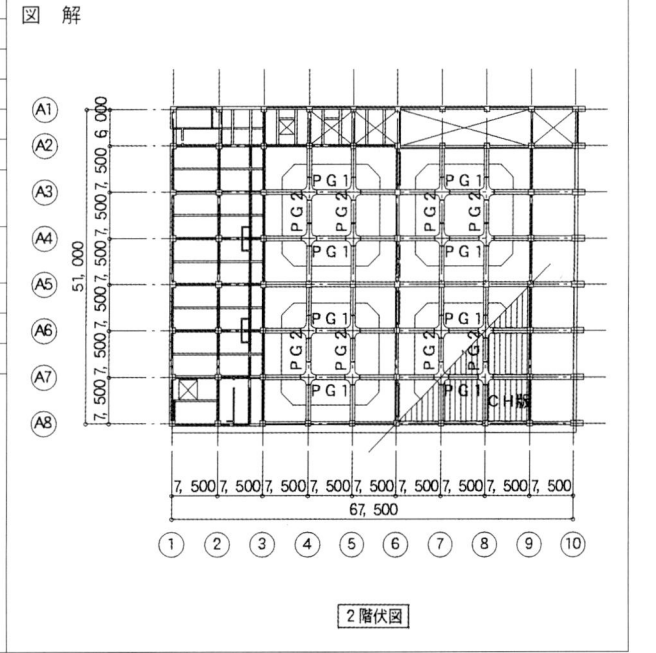

図解

2階伏図

16. 処理場

No.16-2　荒川右岸流域下水道終末処理場

主な特徴	103 m×193 m の架設面積と下部施設稼働という条件のため，架設済部材の上を揚重機が移動しながら順次架設を進めていく PCa 組立工法を採用しています．

写真・パース

図　解

建築場所	埼玉県和光市
建物用途	汚水処理場
建物規模	地上1階
軒高さ	4.87 m
建築面積	19 879 m^2
延床面積	19 879 m^2
プレキャスト採用部位	PC：柱・梁・床版 RC：梁
建築主	埼玉県
設計者	(株)東京設計事務所
施工者	埼玉建興・斉藤工業・伊田テクノスJV
専業者	オリエンタル建設(株)
参考	

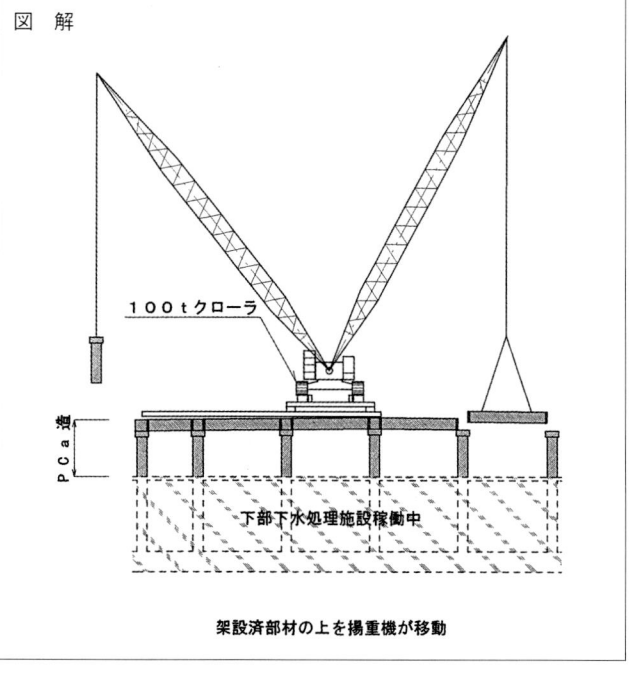

100tクローラ

PCa造

下部下水処理施設稼働中

架設済部材の上を揚重機が移動

No.16-3　沖縄県北谷海水淡水化施設

主な特徴	沖縄という地理的な事情により，部材の大部分は現場近くの製作ヤードで製作しています．また，柱は長さ≒20m，重量≒52tのPCa・PCの1本柱とし工期の短縮を図っています．(1章1-1⑥参照)

写真・パース

建築場所	沖縄県中頭郡
建物用途	海水淡水化施設
建物規模	地下1階・地上4階
軒高さ	22.8m
建築面積	3 901 m²
延床面積	5 370 m²
プレキャスト採用部位	PC：柱・梁・床版 RC：外壁
建築主	沖縄県企業局
設計者	(株)日水コン
施工者	国場組ほかJV
専業者	オリエンタル建設(株)
参考	「プレストレストコンクリート」Vol.38, No.5[20] 第5回プレストレスコンクリートの発展に関するシンポジウム論文集[30]

図解

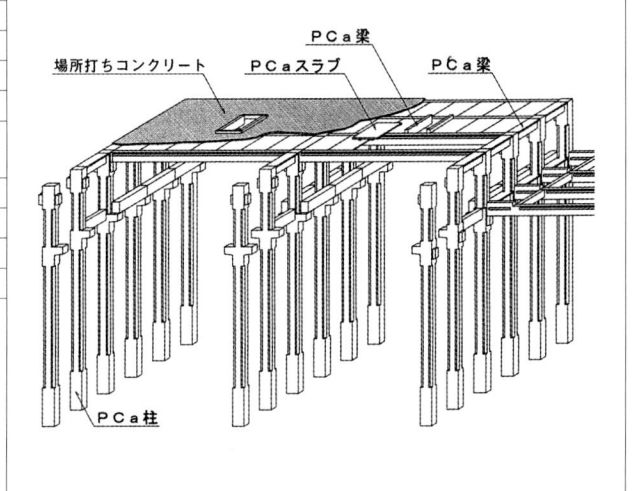

L＝20m，W＝52tの一本柱

16. 処理場

No.16-4　桂川洛西浄化センター脱水機棟上屋

主な特徴	21.6mスパンをプレキャストPC大梁とし，その間にダブルティー版(DT版)を採用しており，高所での架設を無支保工で行っています．また庇部分にもプレキャスト部材を採用し柱頭部分を圧着接合しています．

写真・パース

建築場所	京都府京都市
建物用途	処理場
建物規模	地上3階
軒高さ	18.00 m
建築面積	1 710.72 m^2
延床面積	2 177.28 m^2
プレキャスト採用部位	PC：大梁・屋根版 RC：庇
建築主	京都府
設計者	(株)日水コン
施工者	飛島建設(株)
専業者	ピーシー橋梁(株)
参考	

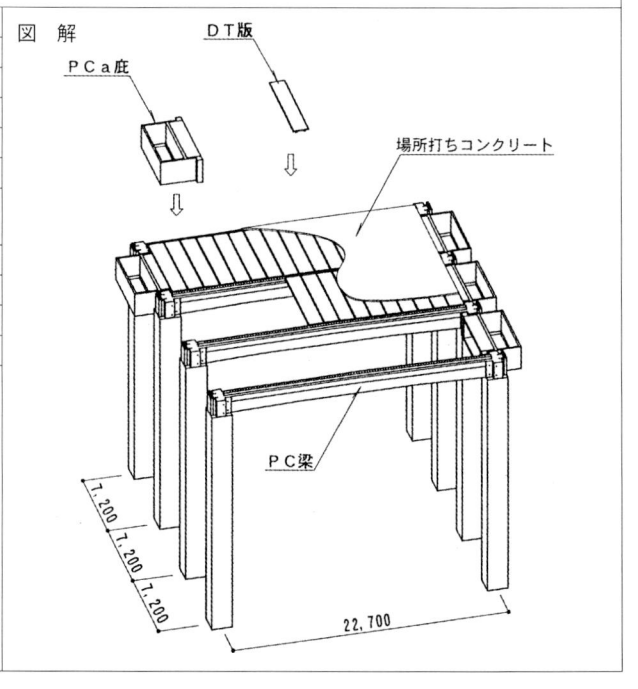

図解

82　5章　こんな事例があります

No.16-5 鴻池処理場水処理施設

主な特徴	エレベーター棟と処理施設棟の連絡ブリッジに耐久性の高いプレキャストPC桁を採用しています．

写真・パース

建築場所	大阪府大阪市
建物用途	処理場
建物規模	地上3階
軒高さ	8.30 m
建築面積	10 715.86 m²
延床面積	12 777.50 m²
プレキャスト採用部位	PC：渡り廊下桁 RC：
建築主	大阪府
設計者	(株)東京設計事務所
施工者	鴻池組・錢高組・佐藤工業JV
専業者	ピーシー橋梁（株）
参考	

図解

PC桁　10,500　300

16. 処理場

No.16-6　桂川洛西浄化センター水処理上屋

主な特徴　大荷重を支える15.7 mのスパンを2つのプレキャストPC梁で構成し，その梁間にはダブルティー版(DT版)を採用しています．

写真・パース

図解

DT版
PCa梁

建築場所	京都府京都市
建物用途	処理場
建物規模	地上3階
軒高さ	15.05 m
建築面積	7 583.04 m²
延床面積	8 532.639 m²
プレキャスト採用部位	PC：大梁・床版　RC：
建築主	京都府
設計者	(株)日水コン
施工者	東急建設(株)
専業者	ピーシー橋梁(株)
参考	

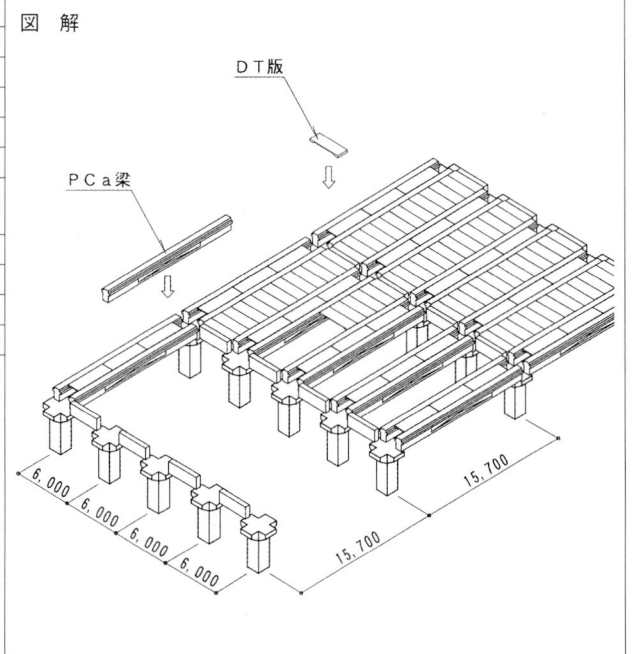

17. 神社仏閣

No.17-1　多磨霊園納骨堂

主な特徴	このシェルは，円周方向を144等分した合計148ピースのPCa部材で構成されています．円周方向にプレストレスを与えて個々の部材を連結しています．

写真・パース

建築場所	東京都府中市
建物用途	納骨堂
建物規模	地下1階・地上1階
軒高さ	11.15 m
建築面積	3 804.00 m²
延床面積	3 145.00 m²
プレキャスト採用部位	PC：シェル壁体 RC：
建築主	東京都
設計者	建築 内井昭蔵建築設計事務所 構造 松井源吾＋O.R.S事務所
施工者	間・村本・古久根建設JV
専業者	黒沢建設(株)
参考	「プレストレストコンクリート」Vol.36, No.4[19)] 「コンクリート工学」Vol.32, No.8[36)] 第12回FIP大会ナショナルレポート[41)]

図解

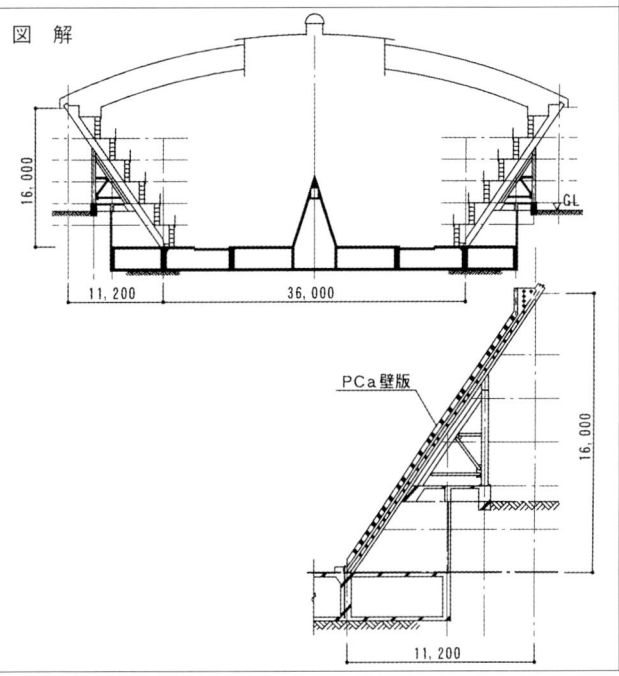

No.17-2 鎌倉雪の下教会教会堂

| 主な特徴 | 一辺16.875 mの教会堂ホールの屋根を，対角線上に稜線を有する4面のHPシェル曲面で構成し，各曲面は3方向に張られた直線部材により形成され，各部材は厚み方向に微妙にねじれており，各面を8ブロックに分割したプレキャスト部材を採用しています。|

写真・パース

建築場所	神奈川県鎌倉市
建物用途	教会堂ホール
建物規模	地上2階(一部3階)・地下1階
軒高さ	9.715 m
建築面積	337.27 m²
延床面積	1 139.43 m²
プレキャスト採用部位	PC： RC：シェル屋根
建築主	日本基督教団鎌倉雪の下教会
設計者	稲富建築設計事務所 増田構造事務所
施工者	(株)竹中工務店
専業者	(株)ピー・エス
参考	「ディテール」1999年1月，No.139[51]

図解

18. 空 港

No.18-1 那覇空港国内線旅客ターミナルビル

主な特徴　延床面積76 000 m²という大規模なターミナルビルに，気中塩分濃度の高い沖縄県であることと基本グリッド14.4 m × 12.0 m（最大スパン28.8 m）の大スパン架構であることからPCa・PC積層工法を採用しています．(JSCA賞受賞，PC技術協会作品賞受賞，1章1-1⑤参照)

写真・パース

建築場所	沖縄県那覇市
建物用途	旅客ターミナル
建物規模	地上5階・地下1階
軒 高 さ	24.805 m
建築面積	28 800.74 m²
延床面積	75 862.91 m²
プレキャスト採用部位	PC：大梁（スパン方向）・小梁・床版 RC：大梁（桁方向）
建 築 主	那覇空港ビルディング(株)
設 計 者	安井・宮平設計JV
施 工 者　北工区：	國場・大成・大米・仲本・善太郎JV
南工区：	大城・三井・日航・大晋・東開発JV
専 業 者	ピー・エス・フドウ建研JV
参　　考	「プレストレストコンクリート」Vol.41, No.4[15]

図 解

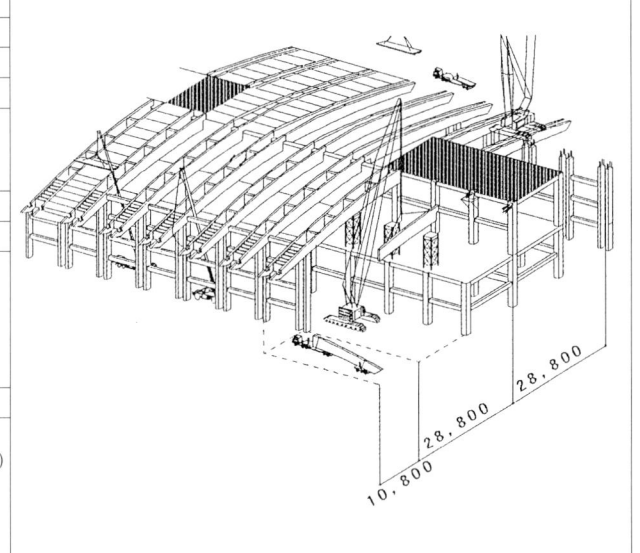

6章 最後に運用の考え方
（適材適所の使い方）

　これからは，種々ある構造のそれぞれの特徴をうまく活かして使い，品質も使い勝手もよい，美しい建物を大切に少しでも長く使う，という時代になります．それには，以下のようなことがたいへん参考になります[31]．

6-1　運用スパンはどうか

　運用スパン（梁の長さ，柱間隔）をPC・PRC造および他の構造についても示せば下図のようになります．

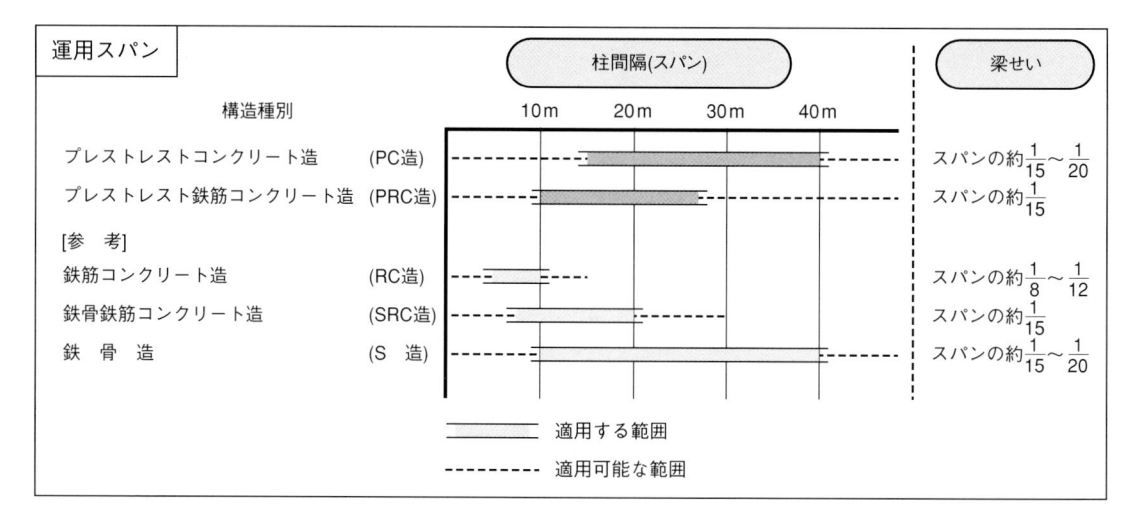

運用スパン		柱間隔(スパン)	梁せい
構造種別		10m　20m　30m　40m	
プレストレストコンクリート造	(PC造)		スパンの約 $\frac{1}{15} \sim \frac{1}{20}$
プレストレスト鉄筋コンクリート造	(PRC造)		スパンの約 $\frac{1}{15}$
[参考]			
鉄筋コンクリート造	(RC造)		スパンの約 $\frac{1}{8} \sim \frac{1}{12}$
鉄骨鉄筋コンクリート造	(SRC造)		スパンの約 $\frac{1}{15}$
鉄　骨　造	(S造)		スパンの約 $\frac{1}{15} \sim \frac{1}{20}$

　　　━━━　適用する範囲
　　　----　適用可能な範囲

　すなわち，各種構造にはそれぞれスパンの守備範囲があります．柱間隔がせまくてもよいときはRC造を，大空間にはPC造などを使うことになります．

＜参考＞
・現在日本での最大スパン：65 m（鹿児島県志布志町の体育館）．

・床などに使われる場合は，
　　マンションのアンボンド工法床：6 m位のスパンとして各住戸に梁のない広い住空間を実現しています．

6-2　なぜ長持ちするか

(1)　PC造は長持ちする（高耐久性）

理由1：耐久性を強く左右するひび割れを，
　　・発生させない設計（プレストレストコンクリート造：PC造）とするか，
　　・発生させても耐久性の度合いを考えたひび割れ幅制御の設計（プレストレスト鉄筋コンクリート造：PRC造）を行っているから．

理由2：鉄筋コンクリート造などよりもセメント量の多い高品質，高強度のコンクリートを用いているから．すなわち，

　　　　セメント量大 ⇒ コンクリートのアルカリ性大，かつ持続時間大 ⇒ ⇒
　　　　　　　　　　　　　　　　　　　　　　　　　　　　　　地震でひび割れが発生しても，後で閉じてしまう
　　　　鋼材は腐食しにくい ⇒ 耐久性大
　　　　ということになります．
したがって，メンテナンスがほとんどフリーの構造といえます．

例えば（高耐久性の例）
- 南淡町庁舎：淡路島の南淡町の庁舎であるこの建物は昭和31年に完成された．数年前，40年近くを経たこの建物に対し，耐久性の観点から日本建築学会が調査を行った結果，耐久性上全く支障なく，当時のままともいえる良い状態であることが明らかにされました．
- 新幹線の枕木：昭和39年に新幹線が開通して以来，毎日苛酷な自然環境条件，かつ荷重条件下にありながら，特に支障なく使われています．

(2) その他の構造はどうか
- RC・SRC造：ひび割れを許す設計をしています．鉄筋・鉄骨の腐食は，通常ひび割れ位置から始まるので，PC・PRC造よりは耐久性は劣ります．長持ちさせるには，適当な時期（およそ20～30年程度）に補修が必要となります．
- S　造　：鉄骨造は，コンクリート系材料の耐火・耐久被覆がないとすれば塗装が必要であり，その塗装は数年ごとに塗りかえる必要があります．

6-3　コストはどうか

PC構造のコストは
　基本的には：性能がよくなればその分は高くなる，ということではありますがいろいろな条件で変わります（p.21参照）．
　　一般論的には：・鉄筋コンクリート造（RC造）の数％程度アップします．
　　　　　　　　　（RC造の柱を1～2本取り除いた大スパンとした場合）
　　　　　　　　　・鉄骨鉄筋コンクリート造（SRC造）の10％かそれ以上は安くなります．
　　プレキャストのPCとした場合は：工期が大幅に短縮されますので，工事全体，すなわちトータル的には安くなる可能性が高いといえます．
　　高耐久性を考えれば：長持ちしますので，結果的に大幅に安くなります．メンテナンスがほとんどフリーのPC・PRC造の方が，RC・SRC造よりほぼ2倍の耐久性があるとすれば，長期的にみればかえってたいへん安く得な建物になります．

6-4　適材適所の使い方

PC・PRC・RC・SRC・S造などの長所，短所の特質は次のようにも要約できます．

構造種別	長　　所	短　　所
プレストレストコンクリート・プレストレス鉄筋コンクリート(PC・PRC)	・中・大スパン，PCa，組立構造に最適 ・高耐久性，耐火性 ・メンテナンスがほとんど不要 ・**長期的には最も経済的**	・初期コストが高め ・柱にプレストレスを導入した場合は不利となりやすい
鉄筋コンクリート(RC)	・小スパンに適切，耐久性，耐火性	・長期コストは割高(初期コストは安め)
鉄骨鉄筋コンクリート(SRC)	・中スパンに適切，耐久性，耐火性	・初期コストは少し高め
鉄骨(S)	・小スパン～大スパンに適切 ・構造体は軽い	・被覆が必要 ・剛性が低く，たわみ，振動が出やすい

　建物の構造体は，床(屋根)，梁，柱，壁(ブレース)などから成り立っていますが，上記各種構造の長所・短所などをよく見極めて，その特質をうまく活かせるよう，**適材適所**，すなわち建物の構造体のどこにどの構造を使うかを決めることになります．

適材適所の例
例1　大スパンのビル
　柱：RC造とする(柱は本来圧縮材，そのためプレストレスは荷重の一部になってしまうから)．
　梁：大スパンに対してPC・PRC造とする．
　床：RC造(小梁が必要)またはPC・PRC造(小梁不要)など．

例2　小スパンと大スパンの混合ビル
　柱，小スパン梁　：RC造
　大スパン梁　　　：PC・PRC造
　床　　　　　　　：RC造(小梁必要)，PC・PRC造(小梁不要)など

例3　中スパンビル
　柱：SRC造(S造の梁と接合しやすい)．
　梁：S造(建物を軽くできる)．
　床：デッキプレートRC床(サポート不要)
　　　またはハーフPCa，PC床(サポート不要，スパン大)

6-5 PC建築のこんな例もあります

a) 銀行の実例

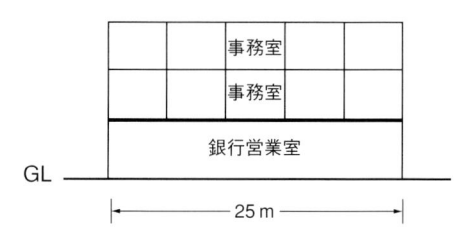

1階は営業室であり柱は設けないが，2階以上は普通の柱間でよい場合の解決例．

b) 学校の実例

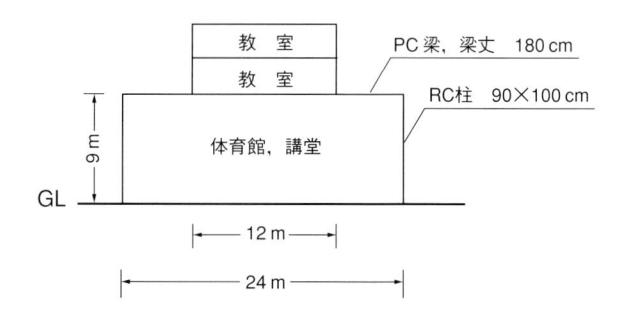

PC梁，梁丈 180 cm
RC柱 90×100 cm

体育館，講堂は，音・振動障害の点で教室の上には載せられない，とした場合の解決例．

c) 浄水場の実例

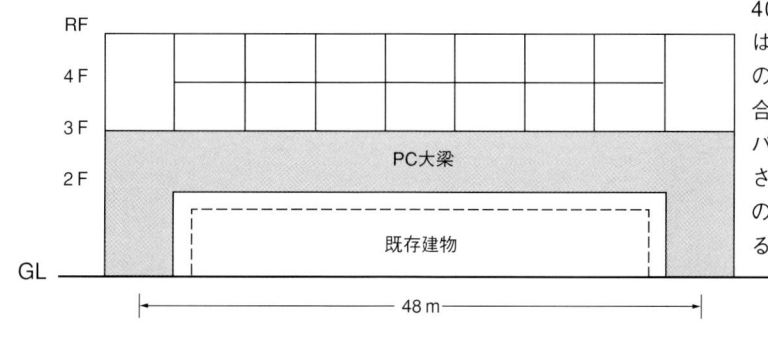

40 mもある既存建物はそのままとして，その上に建物をつくる場合の解決例（50 mスパンのPC大梁の上にさらに，RC，PC混用の2階建てを載せている）．

7章 参考図書・文献

(社)日本建築学会

1) (社)日本建築学会編：「プレストレスト鉄筋コンクリート（Ⅲ種PC）構造設計・施工指針・同解説」，(社)日本建築学会，1986年1月．
2) (社)日本建築学会編：「建築工事標準仕様書・同解説 JASS5 鉄筋コンクリート工事」，(社)日本建築学会，1997年1月．
3) (社)日本建築学会編：「鉄筋コンクリート構造計算規準・同解説」，(社)日本建築学会，1988年7月．
4) (社)日本建築学会編：「鉄筋コンクリート造配筋指針・同解脱」，(社)日本建築学会，1986年9月．
5) (社)日本建築学会編：「プレストレストコンクリート設計施工規準・同解説」，(社)日本建築学会，1998年11月．
6) (社)日本建築学会編：「プレストレストコンクリート(PC)合成床板設計施工指針・同解説」，(社)日本建築学会，1994年11月．
7) (社)日本建築学会編：「プレキャスト鉄筋コンクリート構造の設計と施工」，(社)日本建築学会，1986年10月．
8) (社)日本建築学会関東支部編：「プレストレストコンクリート構造の設計－構造設計の進め方・5－」，(社)日本建築学会，1991年7月．
9) (社)日本建築学会：建築材料用ビデオ教材．

(社)プレストレストコンクリート技術協会・(社)プレストレスト・コンクリート建設業協会

10) 鵜飼邦夫，原克己，阿波野昌幸，小阪淳也：「公園地下に建設される大スパンのプレストレスコンクリート球形シェルの構造設計」，プレストレストコンクリート，1994年，Vol. 36, No. 4.
11) 阿波野昌幸，田渕博昭，濱田一豊，戸澗隆，古林桂太：「大容量テンドンを用いたコンクリート球形シェルのPC工事－大阪市中央体育館メインアリーナー」，プレストレストコンクリート，1996年，Vol.38, No. 4.
12) 近藤一雄，松本眞治：「プレキャスト・プレストレストコンクリート組立工法による屋内プールの施工－大阪プール建設工事－」，プレストレストコンクリート，1996年，Vol. 38, No. 4.
13) 坂井吉彦，小林直紀，田辺恵三，桑折能彦：「プレスジョイント耐震システムによるPC圧着フレーム構造－横浜国際総合競技場の構造設計と施工－」，プレストレストコンクリート，1997年，Vol. 39, No. 4.
14) 斉藤裕一，清水茂男，根本克之，末木達也：「冬季長野オリンピック開閉式会場PC工事」，プレストレストコンクリート，1997年，Vol. 39, No. 5.
15) 辻英一，森高英夫，山浦晋弘，大迫一徳：「PCaPCコンクリート工・構法による空港ターミナルビルの建設－那覇空港新旅客ターミナルビルの設計と施工－」，プレストレストコンクリート，1999年，Vol. 41, No. 4.
16) 福山國夫，上田博之，池田英美：「プレキャストプレストレストコンクリート組立て工法による免震構造物－興亜火災神戸センター計画－」，プレストレストコンクリート，1999年，Vol. 41, No. 4.
17) 杉本洋文，長谷川一美，田口石男，澤健司：「タイル打込みプレキャスト板の圧着工法による屋根の架構－山陰・夢みなと博覧会シンボル施設施工記録－」，プレストレストコンクリート，1998年，Vol. 40, No. 4.
18) 田辺恵三，柏崎司：「大型自動倉庫に用いたプレキャストPC圧着フレーム－岩槻第2冷蔵倉庫－」，プレストレストコンクリート，1998年，Vol. 40, No. 1.
19) 田辺恵三，柏崎司：「工事報告 プレスジョイントシステムによる有開口逆円錐PCシェル構造－多磨霊園納骨堂」，プレストレストコンクリート，1994年，Vol.36, No. 4.
20) 比嘉淳二，田原芳郎，木村義男，小林勉：「沖縄県海水淡水化施設土木建築工事の設計・施工について」，プレストレストコンクリート，1996年，Vol. 38, No. 5.
21) 長木敏明，岡本周治，木村義男：「プレキャスト組立て建築における柱脚の試験と実例」，プレストレストコンクリート，1992年，Vol. 34, No. 3.
22) 長尾直治，世良耕作，加藤辰彦，矢野謙，佐藤卓夫：「PC構造による大スパン事務所建物の設計と施工－サカタのタネ本社ビルの設計と施工－」，プレストレストコンクリート，1998年，Vol. 40, No. 3.
23) 森川雄司，町井章，妹尾正和：「プレキャストPC組立工法による卸売市場の施工」，プレストレストコンクリート，1995年，Vol. 37, No. 4.

24) 襧津則行，小野豊明，内野雅勝，下野繁太郎：「タイド2連アーチPC造のゴルフ場クラブハウス屋根版の設計と施工」，プレストレストコンクリート，1991年，Vol. 33, No. 4．
25) 笠原武志，山田祐治，土居健二，加治喜久夫：「プレキャスト・プレストレストコンクリート版を用いたドーム型シェル屋根の設計と施工」，プレストレストコンクリート，1990年，Vol. 32, No. 3．
26) 金田勝徳，深澤正彦，下野繁太郎，廣瀬恵：「打放しコンクリート仕上げに用いられたプレキャスト・プレストレストコンクリート構造－埼玉県立大学の設計と施工－」，プレストレストコンクリート，1999年，Vol. 41, No. 4．
27) 桐山宏之，村山松二郎，徳永政之，原 稔：「PC梁による大スパン屋根構造の設計と施工－核融合科学研究所大型ヘリカル実験棟－」，プレストレストコンクリート，1995年，Vol. 37, No. 1．
28) (社)プレストレストコンクリート技術協会：「フレッシュマンのためのPC講座－プレストレストコンクリートの世界－」，(社)プレストレストコンクリート技術協会，1997年4月．
29) (社)プレストレスト・コンクリート建設業協会：「プレストレストコンクリート建築マニュアル」，(社)プレストレスト・コンクリート建設業協会．
30) 比嘉淳二，田原芳郎，木村義男，内山執樹：「沖縄県海水淡水化施設土木建築工事の設計・施工について」，(社)プレストレストコンクリート技術協会，第5回プレストレストコンクリートの発展に関するシンポジウム論文集，1995年10月．
31) 鈴木計夫：「建築構造物におけるPRC・PC」，(社)プレストレストコンクリート技術協会講習会テキスト「PC構造物の供用性と耐久性の向上」，1993年2月．
32) 大野義照：「プレストレストコンクリート造建築物と長寿命」，プレストレストコンクリート，2000年，Vol.42, No.4．

(社)日本建築構造技術者協会関西支部
33) (社)日本建築構造技術者協会関西支部編：「はじめてのPC・PRC構造－しくみから設計・施工の実務まで－」，建築技術，1991年7月．
34) (社)日本建築構造技術者協会編：「建築構造の設計」，オーム社，1993年10月．

(社)コンクリート工学協会
35) 坂井吉彦：「プレキャストプレストレストコンクリート造による大競技場の施工」，コンクリート工学，Vol.35, No.12．
36) 依田定和，小野里憲一，岡本隆之：「工事記録148本のPCa・PC部材で構成された逆円錐形のシェル構造－みたま堂の設計と施工－」，コンクリート工学，Vol. 32, No.8．
37) 原克己，阿波野昌幸，田渕博昭，濱田一豊：「大スパン球形シェル屋根の設計と施行」，コンクリート工学，Vol.34, No5．

建築の技術施工
38) 大杉文哉，佐藤善明，田辺恵三：「PCa化による省力化・省人化の実現」，建築の技術施工，1996年4月．

セメントコンクリート
39) 田辺恵三：「PC圧着工法による21世紀のビッグスタジアムの建設－人工地盤型・横浜国際競技場－」，セメントコンクリート，1998年5月，Vol. 615．
40) 隅井祐治，松岡英治，伊藤隆司，小高茂央：「RC超高層住宅を1フロア3日で施工－新しいPCaシステムの提案－」，セメントコンクリート，1999年5月，Vol. 627．

Prestressed Concrete in japan，第12回FIP大会・ナショナル・レポート
41) 田辺恵三：「プレスジョイントシステムによる逆円錐シェル構造－多磨霊園納骨堂－」，Prestressed Concrete in japan，第12回FIP大会・ナショナル・レポート，1994年．

Prestressed Concrete in Japan，第13回FIP大会・ナショナル・レポート
42) FIP：「横浜国際総合競技場」，第13回FIP大会・ナショナル・レポート，1998年5月．

建築技術
43) 長谷川一美：「特集PC建築の美十技(Ⅲ. PC建築の特徴)」，建築技術，1998年12月．
44) 大谷弘明，陶器浩一：「愛媛県美術館」，建築技術，1999年4月，No.590．

日経アーキテクチュア
45) 斉藤裕一，池端輝夫：「(仮)南長野運動公園多目的競技場内野スタンド」，日経アーキテクチュア，1997年3月10日号．
46) 長尾直治，世良耕作，加藤辰彦，矢野謙，佐藤卓夫：「プレキャスト、プレストレスでスパン15mの無柱空間を作る」，日経アーキテクチュア，1994年7月4日号．

新建築
47) 大谷弘明，陶器浩一：「愛媛県美術館」，新建築，1999年2月，Vol.74，No.2．

近代建築
48) 大谷弘明，陶器浩一，堀川晋，山本啓史：「愛媛県美術館」，近代建築，1999年2月，Vol.53，No.2．
49) 松田・平田・東畑建築事務所共同体：「横浜国際総合競技場―横浜市スポーツ医科学センター・スポーツコミュニティプラザー」，近代建築，1998年5月．

ディテール
50) 「曲面リブ付きプレキャストコンクリートパネルの屋根」，ディテール，1999年1月，No.139．
51) 「現場製作PC版による柔らかな格子状のシェル」，ディテール，1999年1月，No.139．

PARKING PRESS
52) 藤脇照人：「高松市玉藻地区駐車場に係わる『プレキャスト部材によるローテンション工法』について」，PARKING PRESS，1997年6月，Vol.427．

日本建築センター
53) 日本建築センター：「日本建築センター性能評価シートBCJ-H1214」，日本建築センター，1997年3月，No. 358．
54) 日本建築センター：「プレストレストコンクリート造設計施工指針」，日本建築センター，1983年10月．
55) 建設省住宅局建築指導課・日本建築主事会議監修：「建築物の構造規定―建築基準法施行令第3章の解説と運用―」，日本建築センター，1994年9月．

GBRC
56) 鈴木計夫：「西ドイツに滞在して」，GBRC，1981年，22号．
57) 鵜飼邦夫，原克己，阿波野昌幸，小坂淳也：「公園地下に建設される大スパン・プレストレスコンクリート 球形シェルの構造設計」，GBRC，1994年1月，Vol.19，No.1．

その他
58) 六車熙：「プレストレストコンクリート」，コロナ社，1963年7月．
59) 鈴木計夫：「プレストレスト鉄筋コンクリート構造と設計例」，鹿島出版会，1990年10月．

建築主・デザイナーに役立つ
魅力あるコンクリート建物のデザイン
――プレストレスとプレキャストの利用――

定価はカバーに表示してあります．

2000年11月1日　1版1刷発行

ISBN 4-7655-2442-6 C3052

監修者	鈴　木　計　夫
編　者	関西PC研究会 PC構造・PCa工法推進 特　別　委　員　会 委員長　西　邦　弘
発行者	長　　祥　　隆
発行所	技報堂出版株式会社

〒102-0075　東京都千代田区三番町 8-7
　　　　　　（第２５興和ビル）
電　話　　営　業（03）（5215）3165
　　　　　編　集（03）（5215）3161
　　　　　Ｆ Ａ Ｘ（03）（5215）3233
振替口座　00140-4-10

日本書籍出版協会会員
自然科学書協会会員
工学書協会会員
土木・建築書協会会員

Printed in Japan

© Kunihiro Nishi, 2000

装幀　芳賀正晴　印刷・製本　技報堂

落丁・乱丁はお取り替え致します．

Ⓡ <日本複写権センター委託出版物・特別扱い>

本書の無断複写は，著作権法上での例外を除き，禁じられています．
本書は，日本複写権センターの特別委託出版物です．本書を複写される場合，そのつど
日本複写権センター（03-3401-2382）を通して当社の許諾を得てください．

●小社刊行図書のご案内●

書名	著編者	判型・頁数
建築用語辞典(第二版)	編集委員会編	A5・1258頁
建築設備用語辞典	石福昭監修/中井多喜雄著	A5・908頁
コンクリート便覧(第二版)	日本コンクリート工学協会編	B5・970頁
鋼構造技術総覧[建築編]	日本鋼構造協会編	B5・720頁
建築材料ハンドブック	岸谷孝一編	A5・630頁
空間デザインと構造フォルム	H.Engel著/日本建築構造技術者協会訳	B5・294頁
建築構造における**性能指向型設計法のコンセプト**	建設省大臣官房技術調査室監修	B5・150頁
鉄筋コンクリート造建築物の**性能評価ガイドライン**	建設省大臣官房技術調査室監修	B5・312頁
エネルギーの釣合に基づく**建築物の耐震設計**	秋山宏著	A5・230頁
構造物の免震・防振・制振	武田寿一編	A5・246頁
知的システムによる**建築・都市の創造**	日本建築学会編	A5・222頁
住まいのノーマライゼーション I **海外にみるこれからの福祉住宅**	菊地弘明著	B5・178頁
住まいのノーマライゼーション II **バリアフリー住宅の実際と問題点**	菊地弘明著	B5・184頁
ヒルサイドレジデンス構想—感性と自然環境を融合する快適居住の時・空間	日本建築学会編	A5・328頁
よりよい環境創造のための**環境心理調査手法入門**	日本建築学会編	B5・146頁
建築物の遮音性能基準と設計指針(第二版)	日本建築学会編	A5・432頁
建物の遮音設計資料	日本建築学会編	B5・198頁

●はなしシリーズ

書名	著編者	判型・頁数
コンクリートのはなしI・II	藤原忠司ほか編著	B6・各230頁
数値解析のはなし—これだけは知っておきたい	脇田英治著	B6・200頁

技報堂出版　TEL 編集03(5215)3161 営業03(5215)3165　FAX 03(5215)3233